互联网 + 职业技能系列微课版创新教材

Photoshop CC 项目实战全攻略

沙 旭 徐 虹 梁丽娜 编著

北京希望电子出版社
Beijing Hope Electronic Press
www.bhp.com.cn

内 容 简 介

本书采用集理论讲解+案例操作+项目实训为一体的项目教学，内容包括：LOGO 设计、名片设计、包装设计、DM 设计、海报设计、图书封面设计、户外广告设计、画册设计、网页设计和UI 设计十个项目。

本书配有丰富资源，读者可以使用微信扫描二维码进行学习以及观看视频，帮助读者轻松掌握重难点，巩固所学知识，并熟练操作 Photoshop 软件。

本书不仅可以供初、中级读者使用，也可以为大中专院校平面设计、广告设计专业培训教材，还适合读者自学、查阅。

图书在版编目（CIP）数据

Photoshop CC 项目实战全攻略 / 沙旭,徐虹,梁丽娜编著. — 北京：北京希望电子出版社, 2019.3

互联网+职业技能系列微课版创新教材

ISBN 978-7-83002-663-9

Ⅰ. ①P… Ⅱ. ①沙… ②徐… ③梁… Ⅲ. ①图象处理软件－教材 Ⅳ. ①TP391.413

中国版本图书馆 CIP 数据核字（2019）第 032186 号

出版：北京希望电子出版社

地址：北京市海淀区中关村大街 22 号
中科大厦 A 座 10 层

邮编：100190

网址：www.bhp.com.cn

电话：010-82626227

传真：010-62543892

经销：各地新华书店

封面：相期于茶

编辑：武天宇　刘延姣

校对：石文涛

开本：787mm×1092mm　1/16

印张：16. 25

字数：488 千字

印刷：北京昌联印刷有限公司

版次：2024 年 1 月 1 版 7 次印刷

定价：46. 00 元

编 委 会

总顾问： 许绍兵

主　编： 沙　旭

副主编： 徐　虹　梁丽娜

主　审： 王　东

编　委：（排名不分先后）

束凯钧　吴元红　俞南生　孙才尧　陈德银　李宏海

王　胜　蒋红建　吴凤霞　王家贤　刘　雄　徐　磊

胡传军　郭　尚　陈伟红　汪建军　赵　华

参　编： 孙立民　刘　罕

前　言

Preface

Photoshop 作为 Adobe 公司旗下著名的图像处理软件，其应用范围广泛，几乎所有设计方向都涵盖，深受广大艺术设计人员和计算机平面设计爱好者喜爱。

《Photoshop CC 项目实战全攻略》共十个项目，内容包括：LOGO 设计、名片设计、包装设计、DM 宣传单设计、海报设计、图书封面设计、户外广告设计、画册封面设计、网页设计和 UI 设计。

平面设计除了在视觉上给人一种美的享受，更重要的是向广大的消费者转达一种信息，一种理念，因此在平面设计中，不仅要注重表面视觉上的美观，还要考虑信息的传达，平面设计主要由以下几个基本要素构成：

创意：是平面设计的第一要素，没有好的创意，就没有好的作品，创意中要考虑观众、传播媒体、文化背景三个条件。

构图：构图是要解决图形、色彩和文字三者之间的空间关系，做到新颖、合理和统一。

色彩：好的平面设计作品在画面色彩的运用上注意调和、对比、平衡、节奏与韵律。

本书编写融合了相关的国家职业技能标准要求，适合职业院校计算机平面设计类和艺术类专业的课程，还可以作为爱好者自学或培训资料。为方便学习，本书配有与教材内容相对应的教学视频和素材文件。

由于水平有限，书中难免有不妥之处，恳请读者多提宝贵意见。

编　者

目　录

Contents

初识 Photoshop ······ 001

一、Photoshop 基础知识 ······ 001

二、Photoshop CC 的操作界面 ······ 005

项目 1　LOGO 设计 ······ 008

一、企业 LOGO 设计 ······ 009

二、工作室 LOGO 设计 ······ 015

项目 2　名片设计 ······ 021

一、工作室名片设计 ······ 022

二、设计公司名片设计 ······ 026

三、技术公司名片设计 ······ 029

项目 3　包装设计 ······ 035

一、饮料牛奶类包装 ······ 036

二、休闲食品类包装 ······ 052

项目 4 DM 宣传单设计……066

一、酒类 DM 宣传单……067
二、汉堡包 DM 宣传单……076

项目 5 海报设计……093

一、电影海报设计……094
二、节日海报设计……113

项目 6 图书封面设计……134

《畅游神州》图书封面设计……135

项目 7 户外广告设计……161

一、饮料牛奶类户外广告……162
二、房地产户外广告……175

项目 8 画册封面设计……183

一、环保类画册封面设计……184
二、海鲜类画册封面设计……193

项目 9 网页设计……203

一、美食类网页设计……204
二、酒类网页设计……222

项目 10 UI 设计……239

手机 APP 界面设计……240

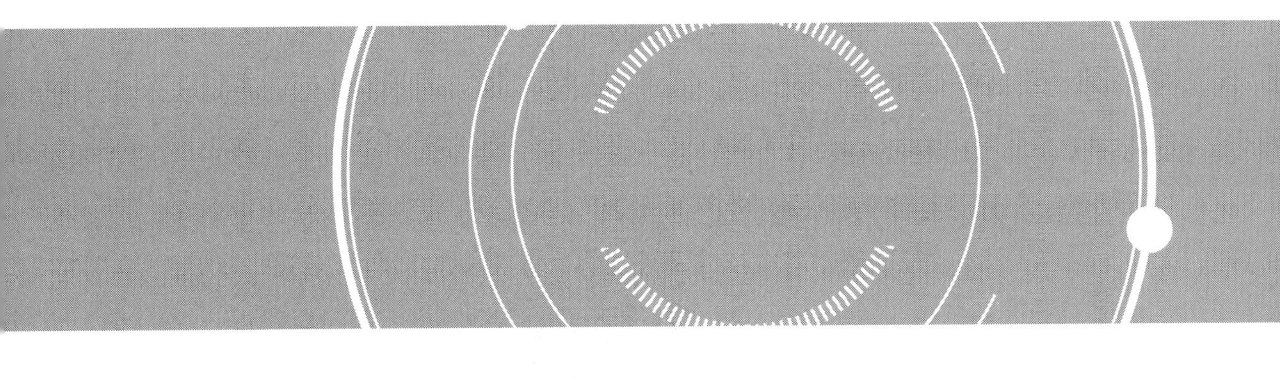

初识 Photoshop

Photoshop是Adobe公司旗下最为出名的图像处理软件之一。它具有强大的像素编辑功能，被广泛运用于数码照片后期处理、平面设计、网页设计以及UI设计等领域，其卓越的性能和方便的使用性都使同类产品望尘莫及。Photoshop图标如图1所示。

图 1　Photoshop 图标

一、Photoshop 基础知识

在使用Photoshop进行图像处理之前，需要了解一些与图像处理相关的知识，以便快速、准确地处理图像。

1. 位图与矢量图

计算机图形主要分为两类，一类是位图图像，另一类是矢量图形。Photoshop软件是典型的位图软件，但也包含一些矢量功能。

（1）位图

位图也称点阵图（Bitmap images），它是由许多点组成的，这些点称为像素。当许多不同颜色的点组合在一起后，便构成了一幅完整的图像。

像素是组成图像的最小单位，而图像又是由以行和列的方式排列的像素组合而成的，像素越高，文件越大，图像的品质越好。位图可以记录每一个点的数据信息，从而精确地制作色彩和色调变化丰富的图像。但是，由于位图图像与分辨率有关，它所包含的图像像素数目是一定的，若将图像放大到一定程度后，图像就会失真，边缘会出现锯齿。位图原图与放大图对比如图2所示。

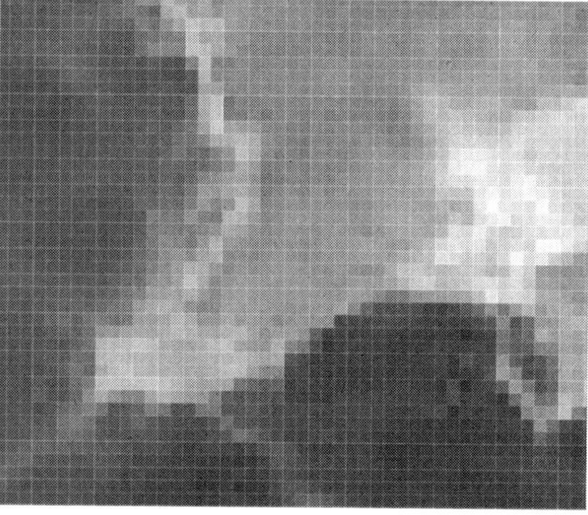

图2　位图原图与放大图对比

（2）矢量图

矢量图也称向量式图形，它使用数学的矢量方式来记录图像内容，以线条和色块为主。矢量图像最大的优点是无论放大、缩小或旋转都不会失真，最大的缺点是难以表现色彩层次丰富且逼真的图像效果。将其放大至400%后，放大后的矢量图像依然光滑、清晰。

另外，矢量图占用的存储空间要比位图小很多，但它不能创建过于复杂的图形，也无法像位图那样表现丰富的颜色变化和细腻的色彩过渡。矢量图原图和局部放大如图3所示。

图3　矢量图原图和局部放大

2. 图像的颜色模式

图像的颜色模式决定了显示和打印图像颜色的方式，常用的颜色模式有RGB模式、CMYK模式、灰度模式、位图模式、索引颜色模式等。

（1）RGB模式

RGB颜色被称为真彩色，是Photoshop中默认使用的颜色，也是最常用的一种颜色模式。RGB模式的图像由3个颜色通道组成，分别为红色通道（Red）、绿色通道（Green）和蓝色通道（Blue）。其中，每个通道均使用8位颜色信息，每种颜色的取值范围是0～255，这三个通道组合可以产生1670万余种不同的颜色。

另外，在RGB模式中，用户可以使用Photoshop中所有的命令和滤镜，而且RGB模式的图像文件比CMYK模式的图像文件要小得多，可以节省存储空间。不管是扫描输入的图像，还是绘制图像，一般都采用RGB模式存储。

（2）CMYK模式

CMYK模式是一种印刷模式，由分色印刷的4种颜色组成。CMYK的4个字母分别代表青色（Cyan）、洋红色（Magenta）、黄色（Yellow）和黑色（Black），每种颜色的取值范围是0%～100%。CMYK模式本质上与RGB模式没有什么区别，只是产生色彩的原理不同。

在CMYK模式中，C、M、Y这三种颜色混合可以产生黑色。但是，由于印刷时含有杂质，因此不能产生真正的黑色与灰色，只有与K（黑色）油墨混合才能产生真正的黑色与灰色。在Photoshop中处理图像时，一般不采用CMYK模式，因为这种模式的图像文件不仅占用的存储空间较大，而且不支持很多滤镜。所以，一般在需要印刷时才将图像转换成CMYK模式。

（3）灰度模式

灰度模式可以表现出丰富的色调，但是也只能表现黑白图像。灰度模式图像中的像素是由8位的分辨率来记录的，能够表现出256种色调，从而使黑白图像表现的更完美。灰度模式的图像只有明暗值，没有色相和饱和度这两种颜色信息。其中，0%为黑色，100%为白色，K值是用来衡量黑色油墨用量的。使用黑白和灰度扫描仪产生的图像常以灰度模式显示。

（4）位图模式

位图模式的图像又称黑白图像，它用黑、白两种颜色值来表示图像中的像素。其中的每个像素都是用1 bit的位分辨率来记录色彩信息的，占用的存储空间较小，因此它要求的磁盘空间最少。位图模式只能制作出黑、白颜色对比强烈的图像。如果需要将一幅彩色图像转换成黑白颜色的图像，必须先将其转换成灰度模式的图像，然后再转换成黑白模式的图像，即位图模式的图像。

（5）索引颜色模式

索引颜色模式是网上和动画中常用的图像模式，当彩色图像转换为索引颜色的图像后会包含256种颜色。索引颜色模式包含一个颜色表，如果原图像中的颜色不能用256色表现，则Photoshop会从可使用的颜色中选出最相近的颜色来模拟这些颜色，这样可以减少图像文件的尺寸。颜色表用来存放图像中的颜色并为这些颜色建立颜色索引，且可以在转换的过程中定义或在生成索引图像后修改。

3. 常用的图像格式

Photoshop软件的文件保存格式有很多种，不同的图像格式有各自的优缺点。Photoshop 软件支持20多种图像格式，下面针对其中常用的几种图像格式进行具体讲解。

（1）PSD格式

PSD格式是Photoshop的默认格式，也是唯一支持所有图像模式的文件格式。它可以保存图像中的图层、通道、辅助线和路径等信息。

（2）BMP格式

BMP格式是DOS和Windows平台上常用的一种图像格式。BMP格式支持1～24位颜色深度，可用的颜色模式有RGB、索引颜色、灰度和位图等，但不能保存Alpha通道。BMP格式的特点是包含的图像信息比较丰富，几乎不对图像进行压缩，但其占用磁盘空间较大。

（3）JPEG格式

JPEG格式是一种有损压缩的网页图片格式，不支持Alpha通道，也不支持透明。最大的特点是文件比较小，可以进行高倍率的压缩，因而在注重文件大小的领域应用广泛。例如，网页中的图像如横幅广告、商品图片、较大的插图等都可以使用JPEG格式。

（4）GIF格式

GIF格式是一种通用的图像格式。它是一种有损压缩格式，而且支持透明和动画。另外，GIF格式保存的文件不会占用太多的磁盘空间，非常适合网络传输，是网页中常用的图像格式。

（5）PNG格式

PNG格式是一种有损压缩的网页格式。它结合GIF和JPEG格式的优点，不仅无损压缩，体积更小，而且支持透明和Alpha通道。由于PNG格式不完全适用于所有浏览器，所以在网页中比GIF和JPEG格式使用的少。但随着网络的发展和因特网传输速度的改善，PNG格式将是未来网页中使用的一种标准图像格式。

（6）AI格式

AI格式是Illustrator软件所特有的矢量图形存储格式。在Photoshop中可以将图像保存为AI格式，并且能够在Illustrator和CorelDraw等矢量图形软件中直接打开并进行修改和编辑。

（7）TIFF格式

TIFF格式用于在不同的应用程序和不同的计算机平台之间交换文件。它是一种通用的位图文件格式，几乎所有的绘画、图像编辑和页面版式应用程序均支持该文件格式。

TIFF格式能够保存通道、图层和路径信息，由此看来它与PSD格式并没有太大区别。但实际上，如果在其他程序中打开TIFF格式所保存的图像，其所有图层将被合并，只有用Photoshop打开保存了图层的TIFF文件，才可以对其中的图层进行编辑修改。

二、Photoshop CC 的操作界面

启动Photoshop CC，执行“文件”→“打开”命令，打开一张图片，即可进入软件操作界面。如图4所示。

图 4　软件操作界面

1. 菜单栏

菜单栏作为一款操作软件必不可少的组成部分，主要用于为大多数命令提供功能入口。

Photoshop CC菜单栏依次为：文件、编辑、图像、图层、文字、选择、滤镜、3D、视图、窗口、帮助。如图5所示。

Ps　文件(F)　编辑(E)　图像(I)　图层(L)　文字(Y)　选择(S)　滤镜(T)　3D(D)　视图(V)　窗口(W)　帮助(H)

图 5　菜单栏

（1）菜单分类

其中各菜单的具体说明如下：

文件：包含各种操作文件的命令。

编辑：包含各种编辑文件的操作命令。

图像：包含各种改变图像的大小、颜色等的操作命令。

图层：包含各种调整图像中图层的操作命令。

文字：包含各种对文字的编辑和调整功能。

选择：包含各种关于选区的操作命令。

滤镜：包含各种添加滤镜效果的操作命令。

3D：用于实现3D图层效果。

视图：包含各种对视图进行设置的操作命令。

窗口：包含各种显示或隐藏控制面板的命令。

帮助：包含各种帮助信息。

（2）打开菜单

单击一个菜单即可打开该菜单命令，不同功能的命令之间采用分割线隔开。其中，带有标记的命令包含子菜单。如图6所示。

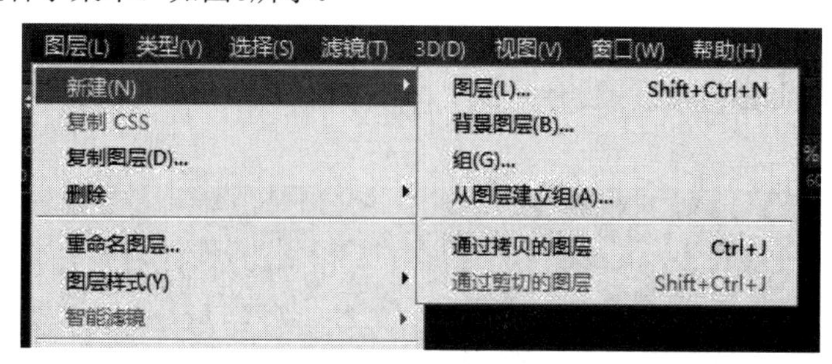

图6　子菜单

（3）执行菜单中的命令

选择菜单中的一个命令即可执行该命令。如果命令后面有快捷键，则按快捷键可快速执行该命令。例如，按快捷键Ctrl+A可执行“选择”→“全部”命令。

有些命令只提供了字母，要通过快捷方式执行这样的命令，可按Alt键+主菜单的字母打开主菜单，然后再按下命令后面的字母执行该命令。例如，依次按Alt键、L键、D键可执行“图层”→“复制图层”命令。

提示

如果菜单中的某些命令显示为灰色，表示它们在当前状态下不能使用。此外，如果一个命令的名称右侧有“…”状符号，则表示执行该命令时会弹出一个对话框。

2. 工具栏

Photoshop CC的工具栏主要包括选框工具、移动工具、套索工具、裁剪工具、画笔工具等。如图7所示。

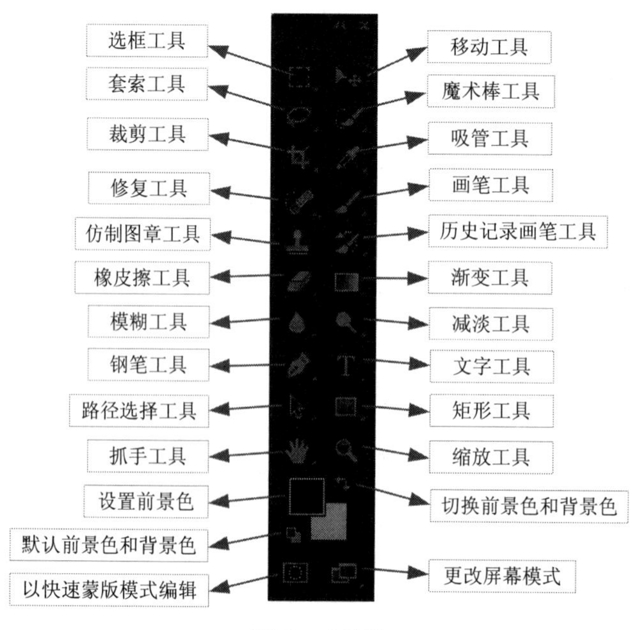

图7　工具栏

3.选项栏

选项栏一般为工具栏服务，例如，使用画笔工具时，通过其中的各个选项可以对“画笔工具”做进一步设置。如图8所示。

图 8　选项栏

4. 控制面板

控制面板是Photoshop软件处理图像时不可或缺的部分，它可以完成对图像处理操作和相关参数的设置，如显示信息、选择颜色、图层编辑等。如图9所示。

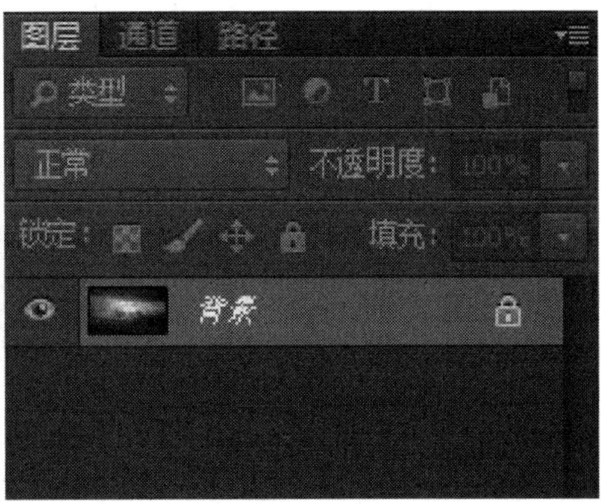

图 9　控制面板

5. 图像编辑区

在菜单栏中找到“窗口”，打开一个图像，会自动创建一个图像编辑窗口。如果打开了多个图像，则它们会停放到选项卡中。单击一个文档的名称，即可将其设置为当前操作的窗口。另外，按快捷键Ctrl+Tab，可以按照前后顺序切换窗口；按快捷键Ctrl+Shift+Tab，可以按照相反的顺序切换窗口。

单击一个窗口的标题栏单击并将其从选项卡中拖出，它便成为可以任意移动位置的浮动窗口。拖动浮动窗口的一角，可以调整窗口的大小。另外，将一个浮动窗口的标题栏拖动到选项卡中，当图像编辑区出现蓝色方框时释放鼠标，可以将窗口重新停放到选项卡中。

LOGO设计

项目目标

通过本项目的学习，设计制作LOGO，掌握知识点，了解LOGO设计含义和常用形式；初步熟悉Photoshop软件图像文件的新建、打开、保存、文件的基本操作方法；了解色板，填充图形的方法；了解矩形工具，文字工具；初步熟悉属性面板，以及掌握LOGO设计技巧。

技能要点

◎ 创建并保存新文件
◎ 了解矩形工具
◎ 了解文字工具
◎ 了解色板

项目导入

本项目将使用Photoshop CC设计制作二款不同的LOGO。标志设计（或称LOGO设计）是通过图形、字体、颜色等元素的搭配运用，直观反应企业形象、品牌和文化特质的载体。随着数字时代的到来与网络文化的迅速发展，现代LOGO的概念更加完善、成熟，标志的应用与推广已建立了完善的系统。

常用的LOGO形式主要有三种：字体LOGO，基于企业名称演变的LOGO；抽象LOGO，图形与公司类型并无明显联系，可能更多基于一种感觉或情绪；具象LOGO，使用直接与公司业务类型相关的图形。

一、企业 LOGO 设计

效果欣赏

实现过程

1. 启动Photoshop CC，按快捷键Ctrl+N，打开如图1-1所示的“新建”对话框，新建一个宽度为20厘米、高度为12厘米、分辨率为300像素/英寸、颜色模式为RGB颜色、背景内容为白色、名称为“logo”的图像文件，最后单击“确定”按钮。

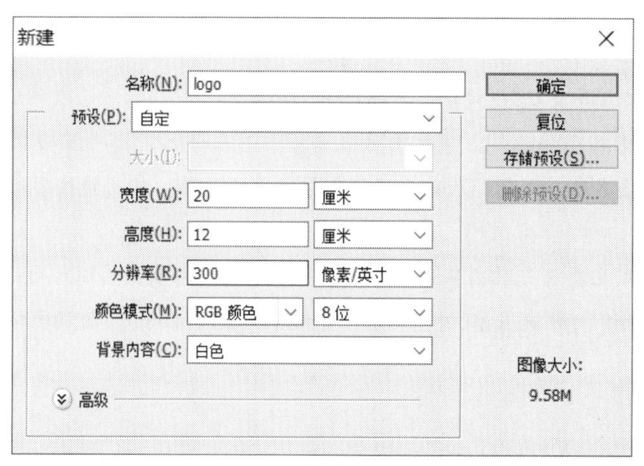

图 1-1 “新建”对话框

2. 使用圆角矩形工具，边框颜色为无，在画布中间部分位置上按快捷键Shift，绘制一个正方形，如图1-2所示。

图 1-2 绘制正方形

3. 选择属性面板，将其中的三个角修改为直角，调整剩余一个角的弧度，如图1-3和图1-4所示。

图 1-3 属性面板

图 1-4 圆角矩形

4. 选中这个图形，按快捷键Ctrl+T旋转45度，如图1-5所示。

图 1-5　旋转45度

知识链接

圆角矩形工具的操作方法，单击圆角矩形工具后，在最上方的选项栏中可以输入半径值，单位为像素。输入后，在图像编辑区画圆角矩形，无论矩形多大，圆角大小是固定不变的。

5. 复制这个图形，按快捷键Ctrl+J旋转90度，如图1-6所示。

图 1-6　旋转复制

6. 复制右边图形，并将它水平翻转，按快捷键Ctrl+T右键水平翻转，生成图1-7旋转复制移动的效果。

图 1-7　旋转复制移动

7. 打开“拾色器（前景色）”对话框，设置颜色参数，如图1-8～图1-10所示，得到效果如图1-11所示。

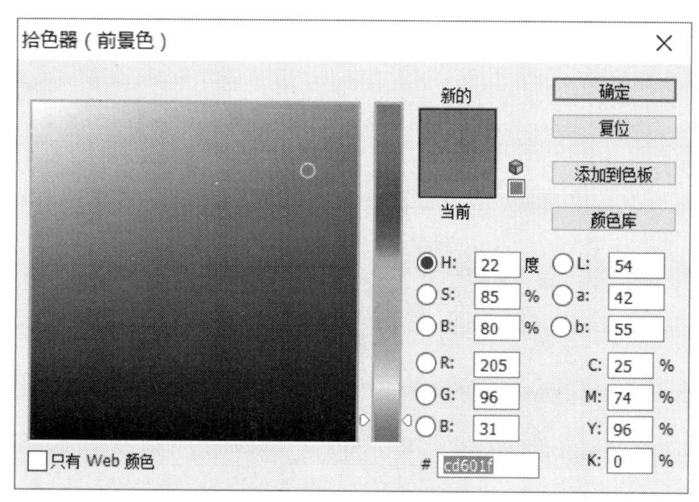

图 1-8　设置颜色参数

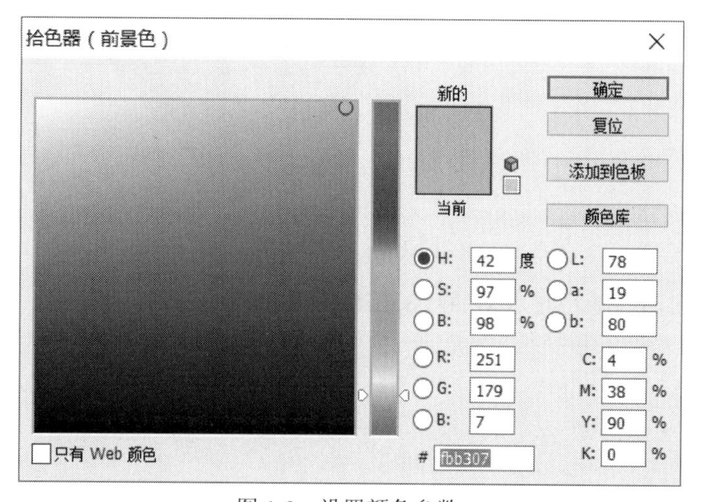

图 1-9　设置颜色参数

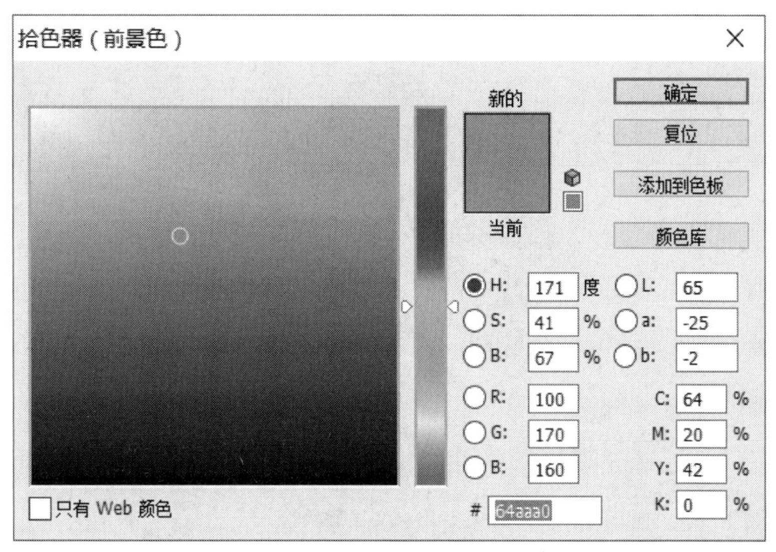

图 1-10　设置颜色参数

图 1-11　完成效果

8. 在工具箱中使用文字工具，输入文字“AQNG”，如图1-12所示。

图 1-12　输入文字

9. 按快捷键Ctrl+T旋转45度，如图1-13所示。

图 1-13　文字旋转

10. 在工具箱中使用文字工具，输入文字“CLUB”， 如图1-14所示。

图 1-14　输入文字

11. 最终效果如图1-15所示。

图 1-15　最终效果

二、工作室 LOGO 设计

效果欣赏

实现过程

1. 启动Photoshop CC，按快捷键Ctrl＋N，打开如图1-16所示的“新建”对话框，新建一个宽度为20厘米、高度为17厘米、分辨率为72像素/英寸、颜色模式为RGB颜色、背景内容为白色、名称为“logo设计”的图像文件，最后单击“确定”按钮。

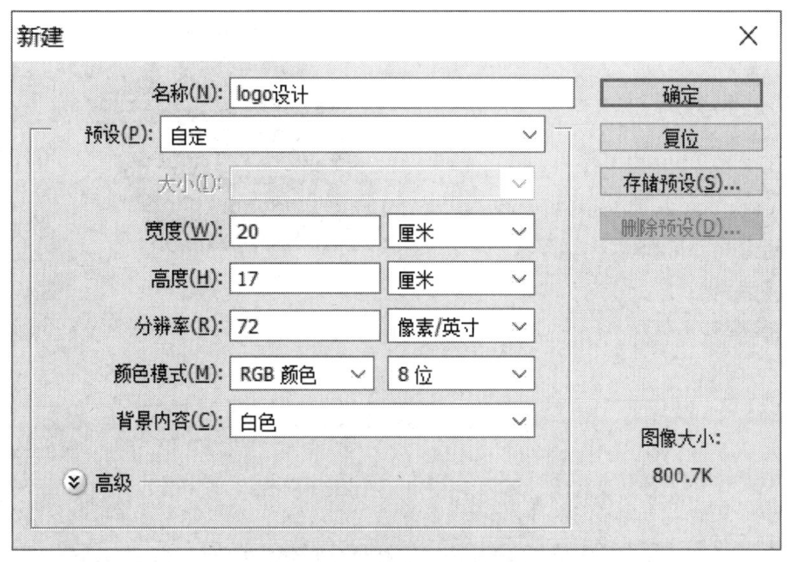

图 1-16 “新建”对话框

2. 使用圆角矩形工具，边框颜色为无，在画布中间部分位置上按快捷键Shift，绘制一个正方形，如图1-17所示。

3. 鼠标右击图层面板，执行栅格化图层命令，如图1-18所示。

图 1-17　绘制等边正方形

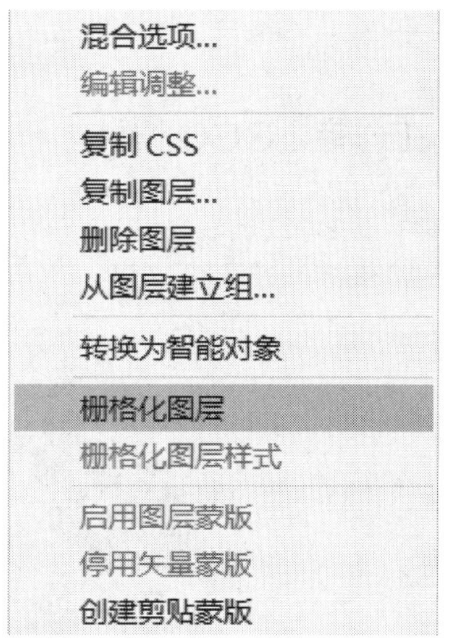

图 1-18　栅格化图层

4. 选中这个图形，按快捷键Ctrl+T鼠标右击选择扭曲 ，生成一个平行四边形，如图1-19和图1-20所示。

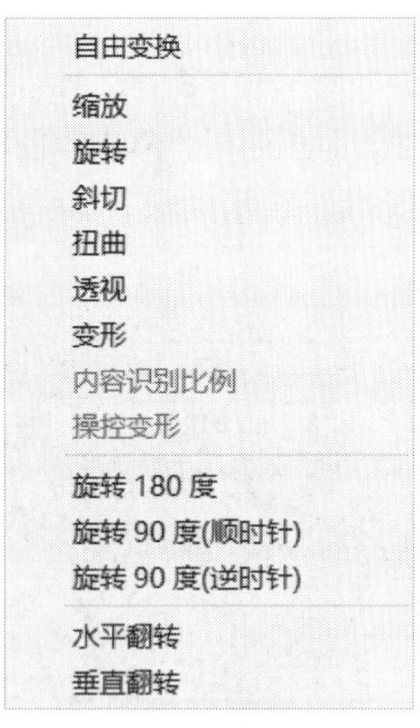

图 1-19　扭曲

图 1-20　平行四边形

知识链接

快捷键Ctrl+J是一个复合动作，复制+新建。如果有选区，它代表复制选区的内容，然后粘贴到一个新建图层的对应位置。如果没有选区，它代表复制当前图层。

它跟快捷键Ctrl+V的区别是，快捷键Ctrl+V是把物体的中心对齐图像中心，然后粘贴到当前图层，而它是原图像在哪里粘哪里，并且是粘在新图层里。

5. 复制这个图形，按快捷键Ctrl+J移动到图形的右上方与图形对齐，如图1-21所示。

图 1-21　复制

6. 复制这个图形，并将它翻转，按快捷键Ctrl+T翻转-60度，如图1-22所示。

图 1-22　旋转复制移动

7. 复制图1-21所示图形，将其水平方向复制，并按快捷键Ctrl+T水平翻转，如图1-23所示。

图 1-23　镜向复制移动

8. 使用矩形选框工具，选择图形左上角的位置，并且使用鼠标进行选取，选中斜上方，按Delete键将它删除，如图1-24所示。

图 1-24　矩形选框工具删除

9.分别将这四个形状设置颜色参数（图1-25、图1-26、图1-27、图1-28），效果如图1-29所示。

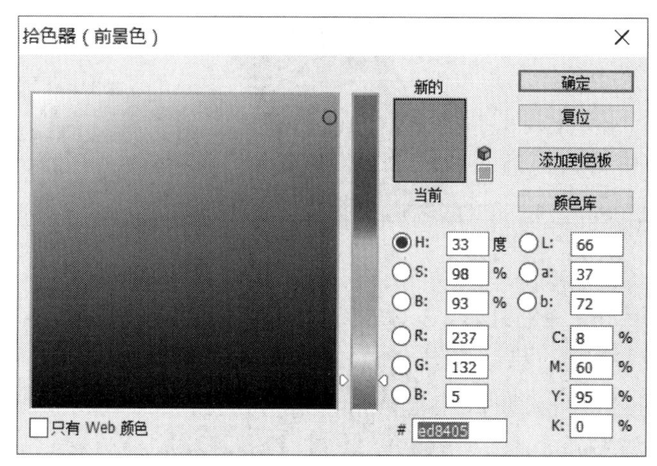

图 1-25　设置颜色参数

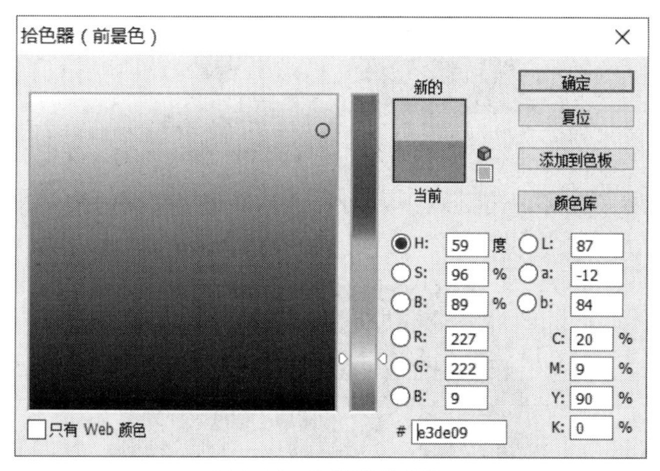

图 1-26　设置颜色参数

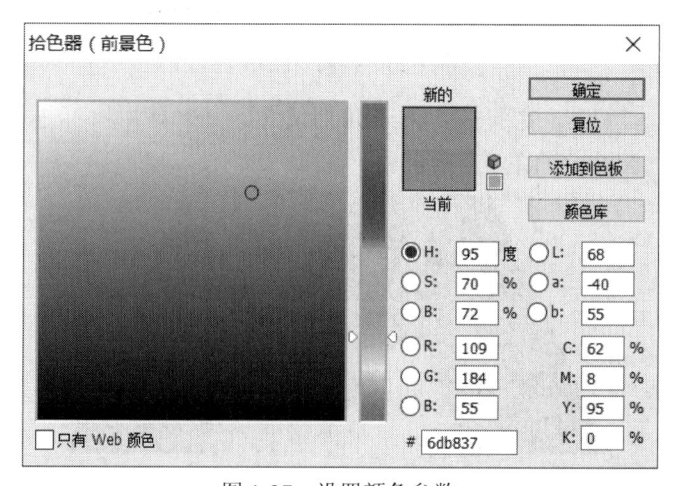

图 1-27　设置颜色参数

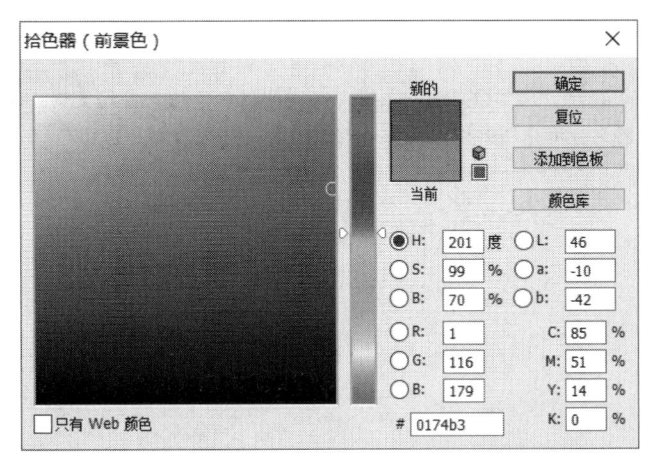

图 1-28　设置颜色参数

图 1-29　图形颜色效果

10. 在工具箱中使用文字工具，输入“明创工作室”，然后设置合适的字体大小，文字效果如图1-30所示。

图 1-30　文字效果

11. 最终效果如图1-31所示。

图 1-31　最终效果

项目小结

本项目主要讲述了如何设计制作LOGO。在项目实施过程中，结合实际案例，来加深读者对LOGO的认识，学会创建颜色、图形，填充图形以及文字造形，自己动手设计制作LOGO。

名片设计

项目目标

通过本项目的学习，以设计制作名片来掌握知识点，了解名片的构成要素，设计要点，以及设计方法；掌握Photoshop软件图像文件的新建、打开、保存、出血设置等操作方法；掌握标尺和参考线的使用方法；了解形状工具，文字工具，钢笔工具；掌握图文混排。

技能要点

◎ 创建并保存新文件

◎ 掌握标尺和参考线的使用方法

◎ 了解形状工具

◎ 了解文字工具

◎ 掌握图文混排

项目导入

本项目应用了Photoshop CC设计制作三款不同的名片。名片标准尺寸：90毫米×54毫米、90毫米×50毫米、90毫米×45毫米。但是加上出血上下左右各2毫米，所以制作尺寸必须设定为：94 毫米× 58毫米、94毫米×54毫米、94毫米×49毫米。主要注意的是印刷品都需要出血值。

一、工作室名片设计

效果欣赏

实现过程

1. 启动Photoshop CC，按快捷键Ctrl＋N，打开如图2-1所示的“新建”对话框，新建一个宽度为94毫米、高度为58毫米、分辨率为300像素/英寸、颜色模式为CMYK颜色、背景内容为白色、名称为“名创工作室名片”的图像文件，最后单击“确定”按钮。

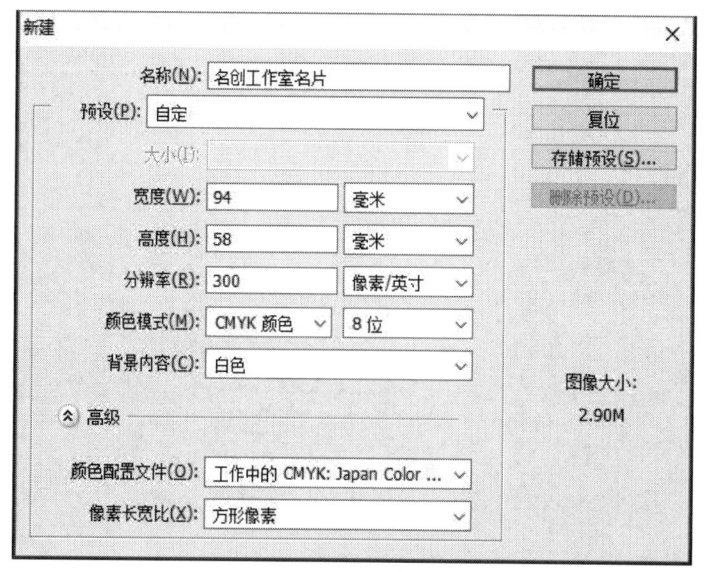

图 2-1 “新建”对话框

2. 按快捷键Ctrl+O，在弹出的对话框中找到素材1，将其拖曳到当前图像文件中并放到画布中间，如图2-2所示。

图 2-2　名片正面

3. 执行“图像”→“复制”命令，弹出“复制图像”对话框，将文件名更改为“名片背面”，如图2-3～图2-4所示。

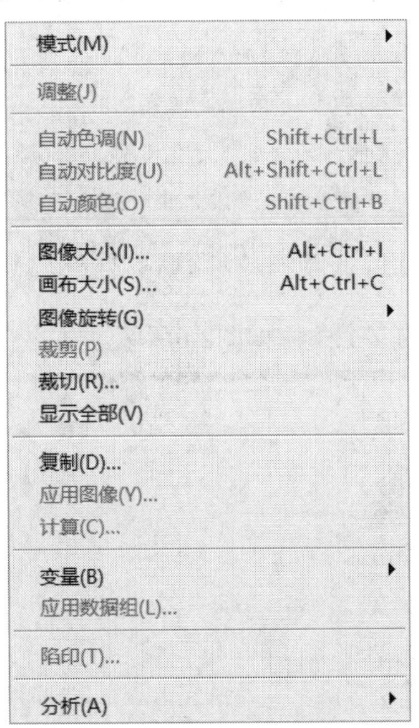

图 2-3　“复制”命令

复制图像
复制：正面.psd
为(A)：名片背面
仅复制合并的图层(M)
确定
取消

图 2-4　更改文件名

4. 添加参考线，按快捷键 Ctrl+R离边的距离6毫米，如图2-5所示。

图 2-5　添加参考线

知识链接

设计规范：在制作名片之前，首先需要了解名片的设计规范。如规格尺寸、出血尺寸、像素大小、颜色等，具体介绍如下。

规格尺寸：名片通常分为“横版”和“竖版”两类。其中“横版”标准尺寸为：90毫米×54毫米、90毫米×50毫米、90毫米×45毫米；“竖版”标准尺寸为：50毫米×90毫米、45毫米×90毫米。

出血尺寸：制图时印刷商为了方便裁切，会要求设计师比规范尺寸多出几毫米，多出来的尺寸就是“出血尺寸”。通常“出血尺寸”的标准是3毫米，名片是2毫米，在印刷完成后会被裁切掉。

5. 将素材1缩小放到画布的左上角，如图2-6所示。

图 2-6　移动素材

6. 使用文字工具，分别输入地址、电话、手机、QQ、邮箱、邮编等信息，如图2-7所示。

图 2-7　输入信息

7. 选择自定形状工具，找到五角星放入到画布中，如图2-8所示。

图 2-8　放入五角星形状

8. 设置这几个形状的不透明度为8%，最终效果如图2-9所示。

图 2-9　最终效果

二、设计公司名片设计

效果欣赏

实现过程

1. 启动Photoshop CC，按快捷键Ctrl＋N，打开如图2-10所示的“新建”对话框，新建一个宽度为58毫米、高度为94毫米，分辨率为300像素/英寸，颜色模式为CMYK颜色，背景内容为白色，文件名为“新锐设计名片”的图像文件，最后单击“确定”按钮。

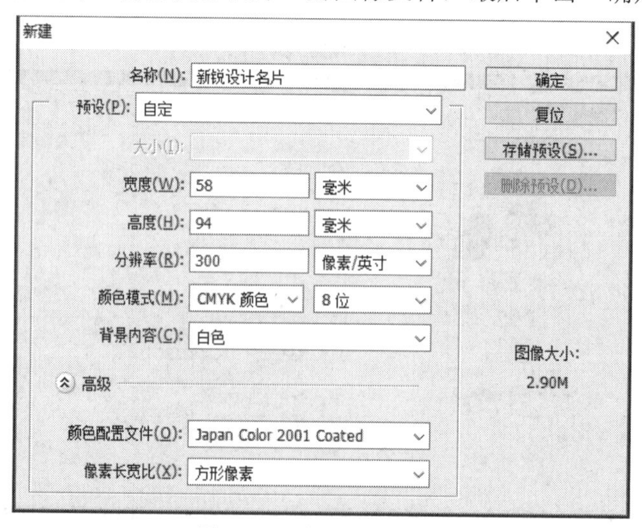

图 2-10 “新建”对话框

2. 执行“视图”→“新建参考线”命令，在弹出的“新建参考线”对话框中，设置数值为2毫米出血位置。如图2-11～图2-12所示。

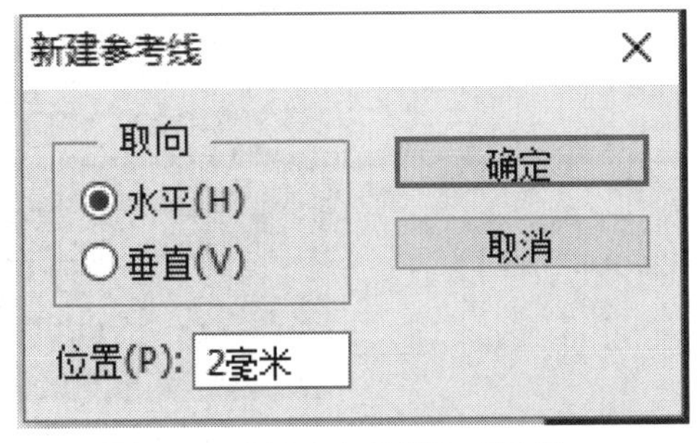

图 2-11　新建参考线

图 2-12　“新建参考线”对话框

3. 背景填充黑色，新建图层绘制1像素宽线条，填充白色。按快捷键Ctrl+T变换大小，横向位移5个像素，按快捷键Ctrl+Alt+Shift+T复制图层并执行再次变换，如图2-13所示。

图 2-13　绘制线条

4. 按快捷键Ctrl+T变换大小，旋转45度，绘制矩形选区，按快捷键Ctrl+Shift+I反选删除多余，如图2-14所示。

图 2-14　调整为正方形

5. 分别输入横排和竖排文字，并调整字体大小及字间距，如图2-15所示。

图 2-15　最终效果正面

6. 将文件另存为“新锐设计名片背面”，删除不需要的信息，如图2-16所示。

图 2-16　最终效果背面

三、技术公司名片设计

效果欣赏

实现过程

1. 启动Photoshop CC，按快捷键Ctrl＋N，打开如图2-17所示的“新建”对话框，新建一个宽度为94毫米、高度为58毫米、分辨率为300像素/英寸、颜色模式为CMYK颜色、背景内容为白色、名称为“赛特信息技术有限公司名片”的图像文件，最后单击“确定”按钮。

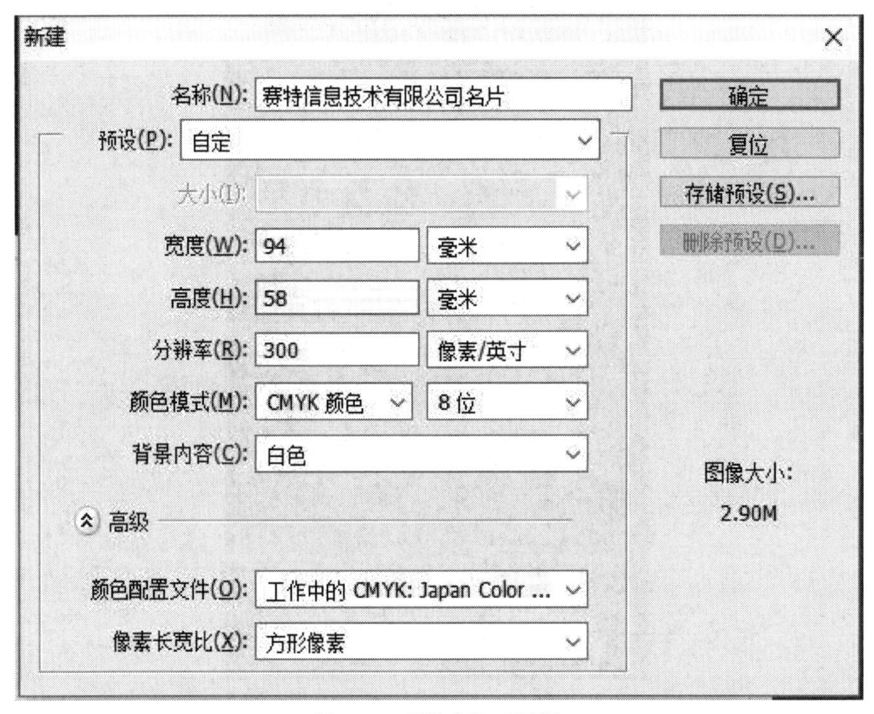

图 2-17 “新建”对话框

2. 执行“视图”→“新建参考线”命令，在弹出的“新建参考线”对话框中，设置数值为2毫米出血位置。如图2-18～图2-19所示。

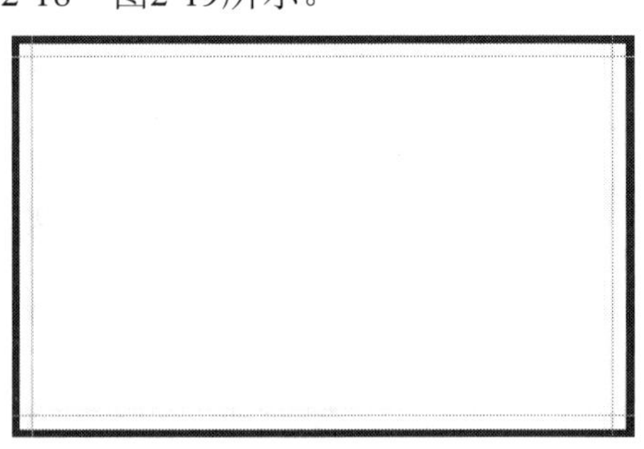

图 2-18 新建参考线

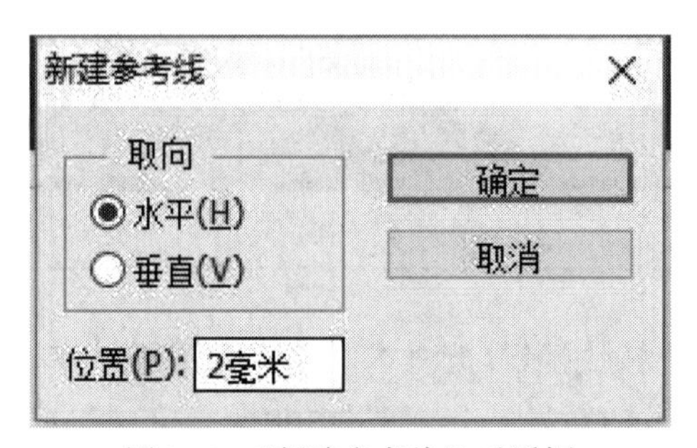

图 2-19 “新建参考线”对话框

知识链接

1.名片标准尺寸：90毫米×54毫米。但是加上出血上下左右各2毫米，所以制作尺寸必须设定为：94毫米×58毫米。

2.如果成品尺寸超出一张名片的大小，请注明所需要的正确尺寸，上下左右也是各2毫米出血。

3.宣传单的尺寸：210毫米×285毫米。但是加上出血上下左右各2毫米，所以制作尺寸必须设定为：214毫米×289毫米。

稿件完成时不需画十字线及裁切线。

3. 使用钢笔工具，绘制形状，如图2-20所示。

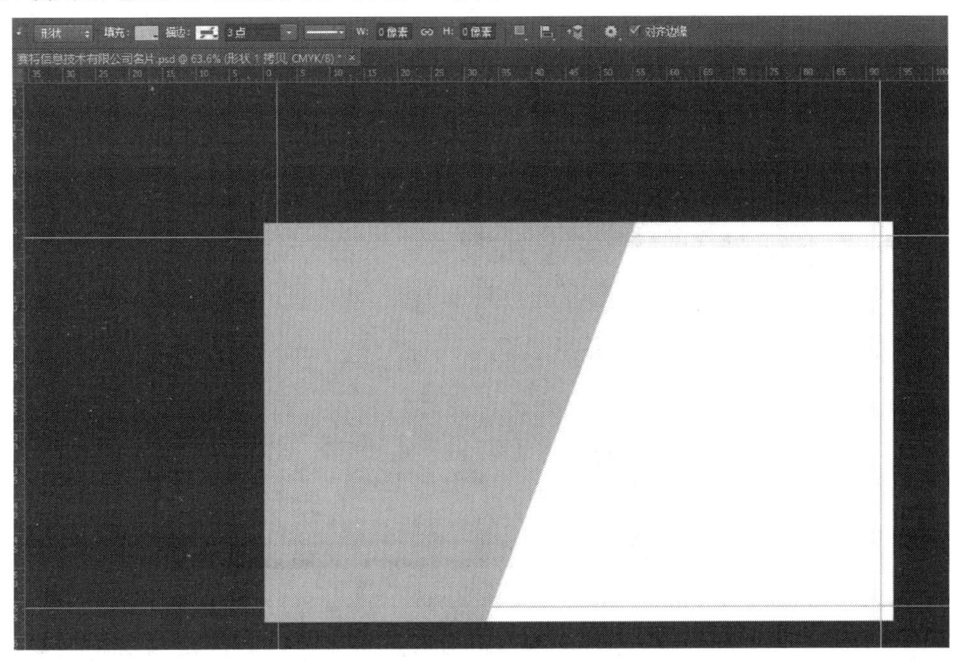

图 2-20 绘制形状

知识链接

颜色部分：

（1）不能以屏幕或列印的颜色来要求成品的印刷色，档案制作时必须依照CMYK颜色卡的百分比来决定制作填色。

（2）同一图档在不同次印刷时，色彩都会有些差距，色差度在上下百分之十以内为正常。

（3）底纹或底图颜色的设定不要低于5%，以免印刷成品时无法呈现。

（4）图像、照片请以CMYK模式制作和TIFF格式保存，请不要用PSD文档格式保存。

4. 复制形状图层，填充深蓝色，选择直接选择工具调整锚点的位置，重复此操作得到浅蓝色形状，如图2-21所示。

图 2-21　绘制辅助图形

5. 输入文字信息并排版，如图2-22所示。

图 2-22　添加文字信息

6. 使用自定形状工具，如图2-23所示，单击形状，如图2-24所示。选择追加全部。绘制图标并添加文字信息，如图2-25所示。

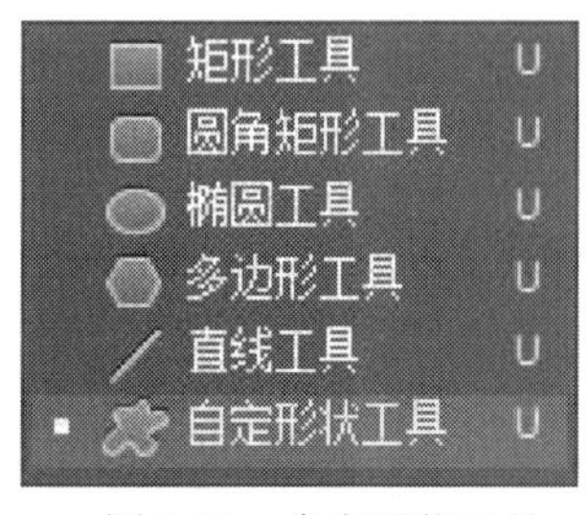

图 2-23　自定形状工具

图 2-24　选择形状

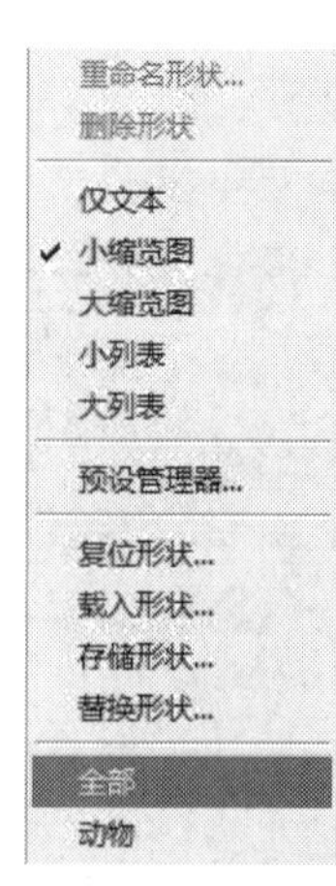

图 2-25　追加全部形状

图 2-26　完成效果正面

7. 将文件另存为名片背面，删除所有图层，绘制背面图形，如图2-27所示。

图 2-27　绘制背面形状

8. 添加公司信息，完成效果背面如图2-28所示。

图 2-28　完成效果背面

项目小结

本项目主要讲述了如何设计制作名片。在项目实施过程中，结合实际案例，来加深读者对名片的认识，学会如何编辑图文混排，学会创建颜色、绘制图形，自己动手设计制作名片。

包装设计

项目目标

通过本项目的学习，通过设计制作包装来掌握知识点，了解图层蒙版、色彩搭配、滤镜、高光；熟悉图层样式；掌握画笔工具、文字工具。

技能要点

◎ 了解图层蒙版
◎ 了解色彩搭配
◎ 了解滤镜
◎ 了解高光
◎ 熟悉图层样式
◎ 掌握画笔工具
◎ 掌握文字工具

项目导入

本项目应用了Photoshop CC设计制作牛奶包装。牛奶包装文案色彩强调产品特点，图片素材选择也都是产品图，背景简约，文字效果根据产品特点来进行编排，同时，图形与文字形成上下结构的排版规则，标志在中间，使得整个效果图更加凸显主题，更加符合现代人审美。

一、饮料牛奶类包装

效果欣赏

实现过程

1. 启动Photoshop CC，按快捷键Ctrl＋N，打开如图3-1所示的“新建”对话框，新建一个宽度为1600像素、高度为1671像素、分辨率为300像素/英寸、颜色模式为RGB颜色、背景内容为白色的图像文件，最后单击“确定”按钮。

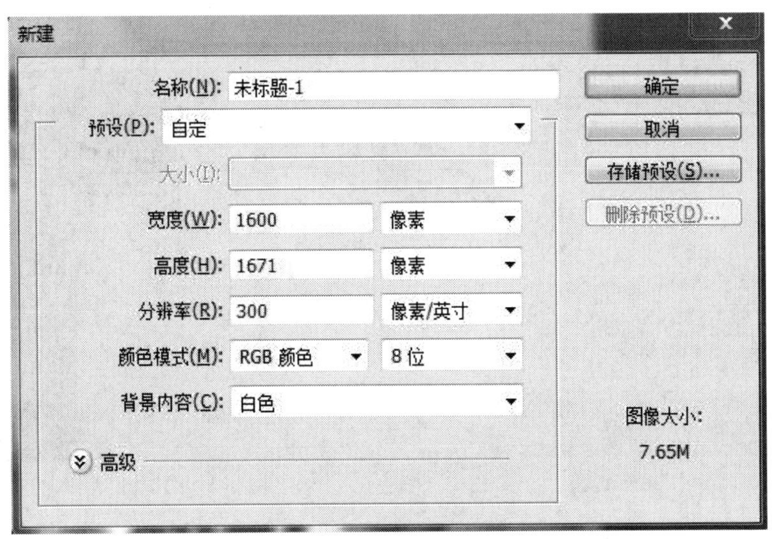

图 3-1 “新建”对话框

2. 创建新组，命名为“正面”，首先使用矩形选框工具绘制一个矩形选区，接着填充白色，如图3-2所示。

图 3-2 画布

3. 添加巧克力牛奶素材并添加图层蒙版。按快捷键Ctrl+O，在弹出的对话框中找到巧克力牛奶素材，将图层命名为“图片1”，按Ctrl键单击白色背景缩览图载入选区，再回到“图片1”图层中添加图层蒙版，图片1中超出白色背景的部分被隐藏，如图3-3～图3-4所示。

图 3-3　添加巧克力牛奶素材

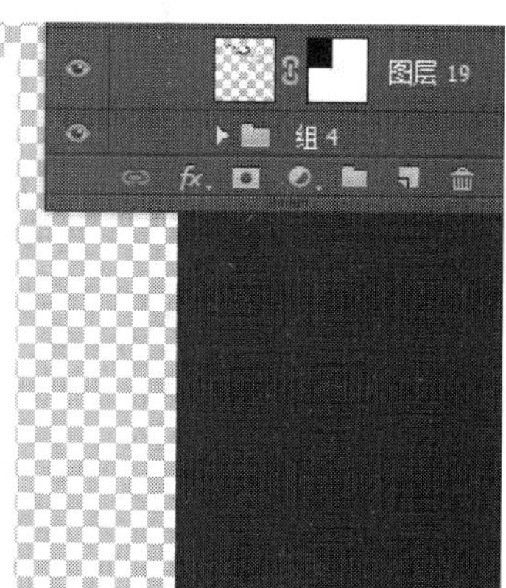

图 3-4　图层

知识链接

蒙版一词本身即来自生活应用，也就是"蒙在上面的板子"的含义。

Photoshop软件中的蒙版通常分为三种，即图层蒙版、剪贴蒙版、矢量蒙版。蒙版在Photoshop软件中的应用相当广泛，蒙版最大的特点就是可以反复修改，却不会影响到本身图层的任何构造。如果对蒙版调整的图像不满意，可以去掉蒙版，原图像又会重现。

4. 创建"色相/饱和度"调整图层，设置"饱和度"为+24，如图3-5所示。单击鼠标右键，在打开的菜单中选择"创建剪贴蒙版"选项，使其只对"图片1"图层进行调色，如图3-6所示。

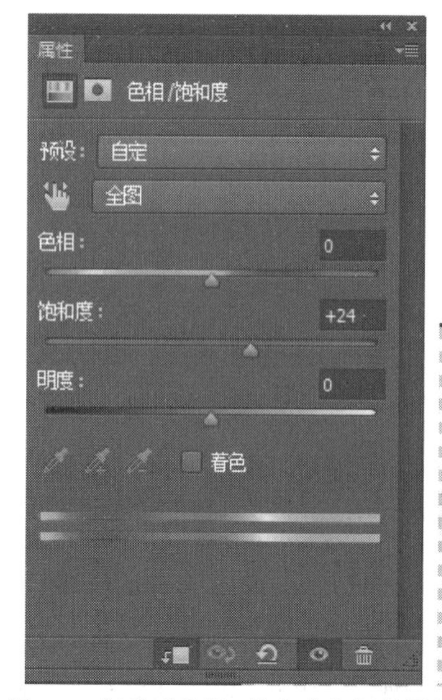

图 3-5　创建"色相 / 饱和度"调整图层

图 3-6　创建剪贴蒙版

5. 新建“图层1”，使用矩形选框工具在下半部分绘制矩形选区，使用吸管工具吸取巧克力的颜色为前景色，按快捷键Alt+Delete为选区填充巧克力色。然后使用钢笔工具绘制半圆路径并转换为选区，按Delete键删除半圆，如图3-7～图3-9所示。

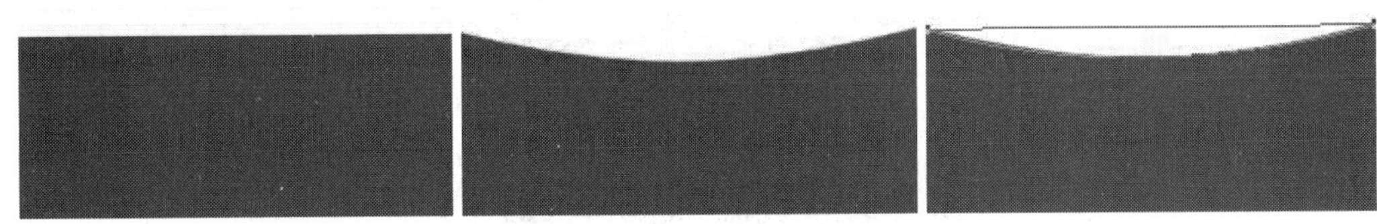

图 3-7　使用钢笔工具　　图 3-8　按 Delete 键删除　　图 3-9　钢笔工具绘制

6. 选中“图层1”图层，使用椭圆工具绘制一个椭圆选区，利用移动工具将选区内的部分向上移动，右击选区内部分，然后执行“图像”→“调整”→“色相/饱和度”命令，在弹出的“色相/饱和度”对话框中，设置“色相”为+12，“饱和度”为+54，“明度”为+20，如图3-10～图3-12所示。

图 3-10　绘制椭圆选区

图 3-11　椭圆选区

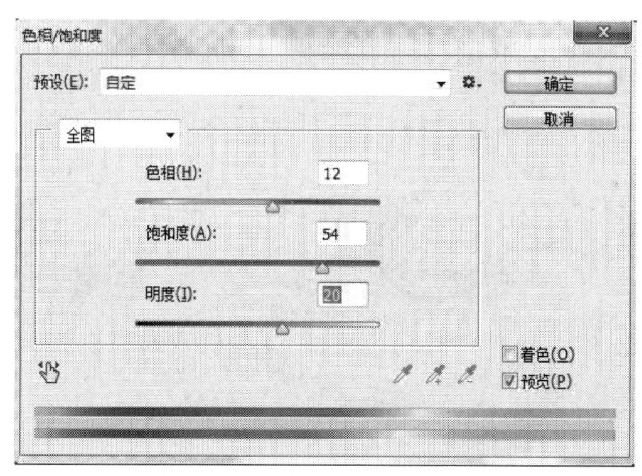

图 3-12 “色相 / 饱和度”对话框

7. 创建组，命名为“文字”，首先输入商标中的英文“sweetmilk”，选择一种适合的字体，设置颜色为巧克力色，如图3-13所示。

图 3-13 文字效果

8. 执行“图层”→“图层样式”命令，在弹出的“图层样式”对话框中，选择“投影”选项。在“投影”选项栏中设置颜色为黑色，设置“混合模式”为正片叠底，“角度”为120度，“距离”为12像素，“扩展”为0%，“大小”为3像素，如图3-14所示。

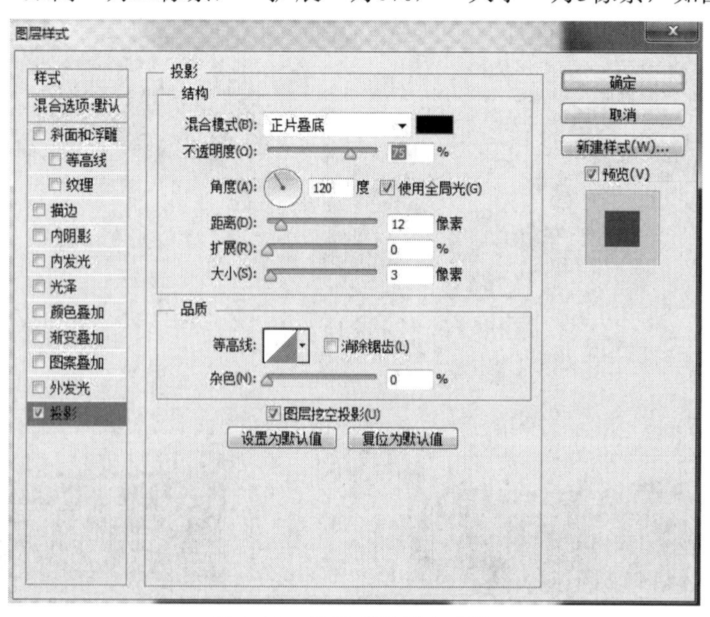

图 3-14 设置“投影”参数

9. 然后选择“渐变叠加”选项，在“渐变叠加”选项栏中设置“混合模式”为正常，调整一种棕色系的渐变，“角度”为90度，如图3-15～图3-16所示。

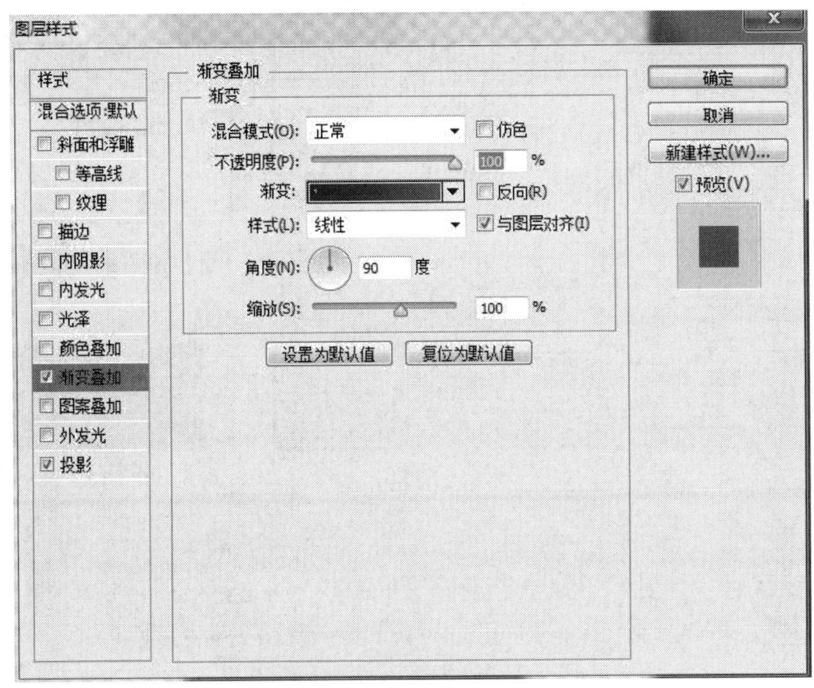

图 3-15　设置“渐变叠加”参数

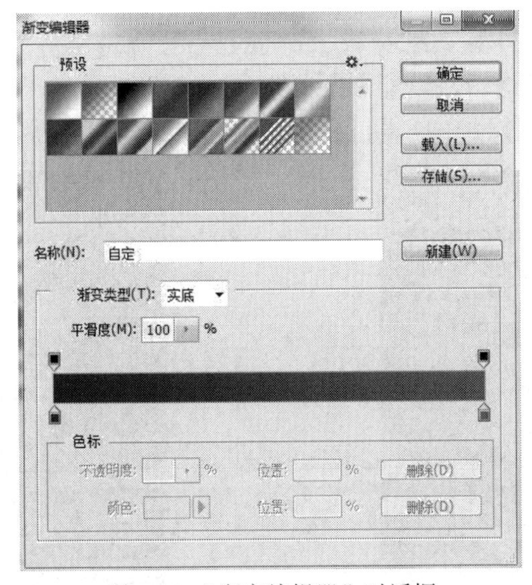

图 3-16　“渐变编辑器”对话框

10. 再次执行“图层”→“图层样式”命令，在弹出的“图层样式”对话框中，选择“描边”选项，在“描边”选项栏中设置“大小”为6像素，“位置”为外部，“混合模式”为正常，“不透明度”为100%，“颜色”为土黄色，如图3-17所示。此时文字颜色效果如图3-18所示。

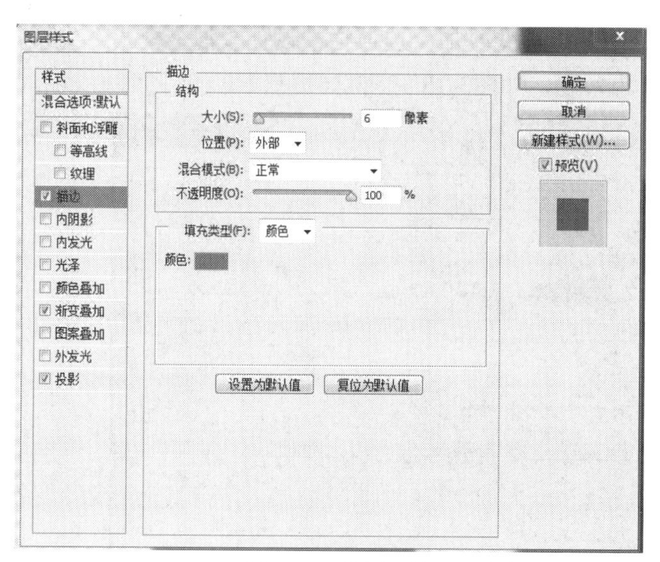

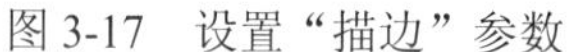

图 3-17　设置“描边”参数

图 3-18　文字颜色效果

提示

文字设置完毕后，我们需要利用画笔面板将包装中的字体边缘处制作出巧克力碎屑效果。下面讲解在当前制作的包装文件中画笔调板的操作方法，并介绍了如何制作包装侧面效果。

11. 按F5键，打开画笔面板，在“画笔笔尖形状”选项栏中选择一种方形画笔，设置“大小”为14像素，“间距”为175%，如图3-19所示。选择“形状动态”选项，设置“大小抖动”为51%，“角度抖动”为34%，“圆度抖动”为50%，“最小圆度”为16%，如图3-20所示。选择“散布”选项，设置“散布”为505%。此时可以在画笔预览框中观看到当前画笔绘制出的将是零散的方形图案，如图3-21所示。

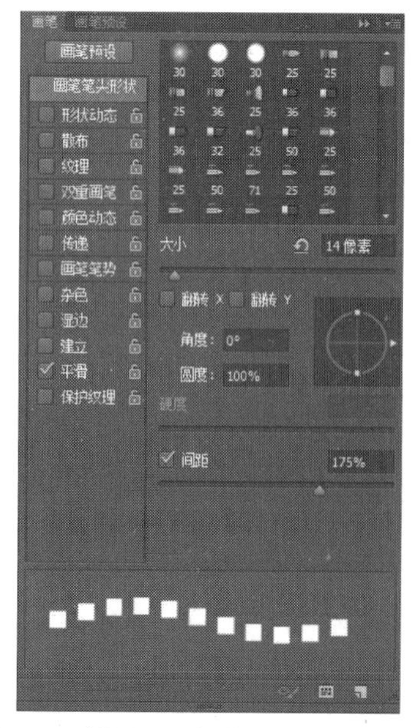

图 3-19　设置“画笔笔尖形状”参数

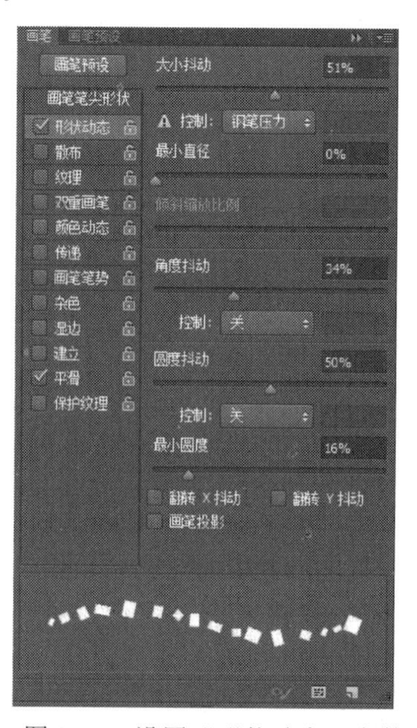

图 3-20　设置“形状动态”参数

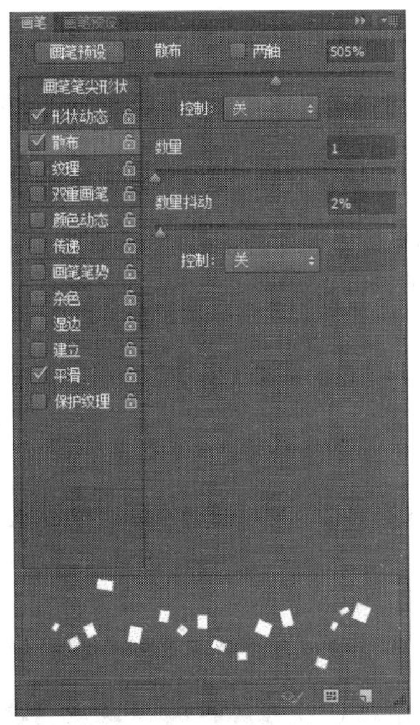

图 3-21　设置“散布”参数

12. 设置前景色为褐色，新建图层，选择画笔工具，在商标文字周围单击绘制，模拟出巧克力碎屑效果，如图3-22所示。

图 3-22　选择画笔工具

13. 输入第二排英文“CHOCOLATE”，在其工具选项栏中设置合适的字体大小及颜色，单击“变形文字”按钮，在弹出的“变形文字”对话框中设置样式为“扇形”，“弯曲”为-15%，如图3-23～图3-26所示。

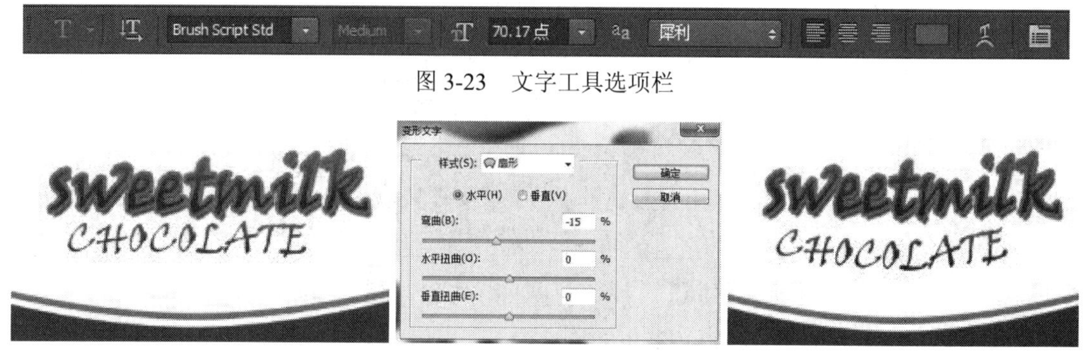

图 3-23　文字工具选项栏

图 3-24　输入文字　　图 3-25　变形文字　　图 3-26　样式扇形

14. 执行“图层”→“图层样式”→“渐变叠加”命令，调整一种棕色系渐变，如图3-27～图3-28所示。

图 3-27　渐变叠加效果

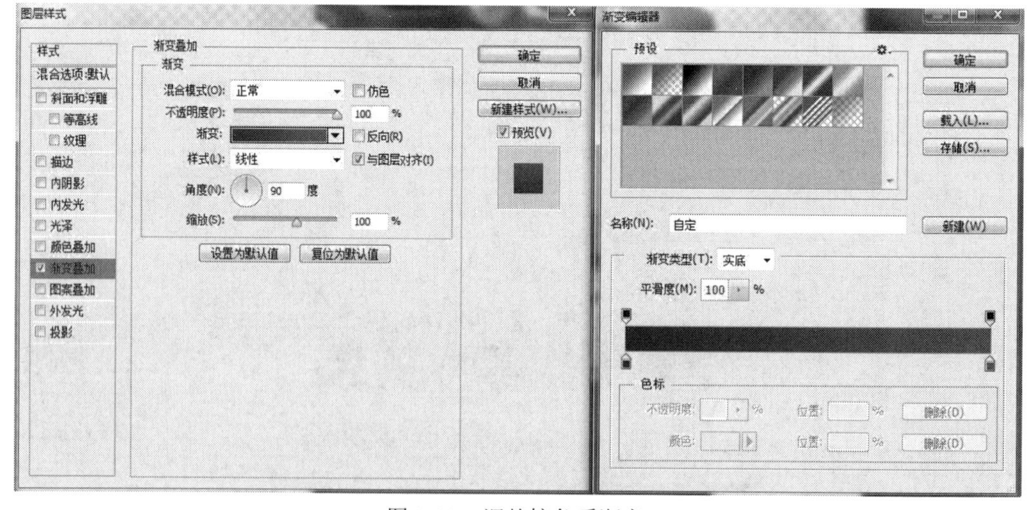

图 3-28　调整棕色系渐变

15. 设置前景色为黑色，在弧线上方输入文字，设置合适的字体、字号，并在其工具选项栏中单击“变形文字”按钮，在弹出的“变形文字”对话框中选择扇形样式，设置“弯曲”为-13%，如图3-29所示。

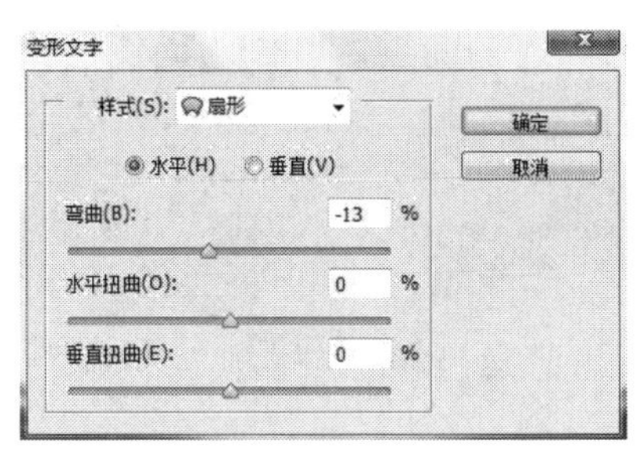

图 3-29 “变形文字”对话框

16. 使用横排文字工具输入其他文字，如图3-30所示。

图 3-30 输入文字

17. 添加卡通素材。按快捷键Ctrl+O，在弹出的对话框中找到卡通素材，将其拖曳到当前图像文件中，然后摆放在文字上方，如图3-31所示。

图 3-31 添加卡通素材

18. 接着创建新组，命名为“侧面”，复制正面图层组中的白色背景部分及卡通图标，并移动到左侧，如图3-32所示。

图 3-32　创建图层

19. 使用钢笔工具绘制下半部分的闭合路径，转换为选区后填充颜色。制作出下半部分的颜色填充效果，如图3-33所示。

图 3-33　下半部分的颜色填充效果

20. 按快捷键Ctrl+O，在弹出的对话框中找到条形码素材，将其拖曳到当前图像文件中并输入相关文字，平面效果如图3-34所示。

图 3-34　平面效果

提示:

在完成展开效果作品后，我们需要利用自由变换命令将包装中的效果制作出来。下面讲解在当前制作的包装文件中自由变换命令的操作方法。

21. 复制“正面”组并将副本合并为一个图层，使用矩形选框工具框选顶部部分并按快捷键Ctrl+T，单击鼠标右键，在弹出的快捷菜单中选择“扭曲”选项，将其调整成透视效果。然后对顶部的白色部分进行变换，使其与其他部分衔接起来，如图3-35～图3-37所示。

图 3-35　框选顶部部分

图 3-36　选择“扭曲”选项

图 3-37　调整透视效果

22. 同样复制并合并“侧面”组，使用矩形选框工具框选顶部进行剪切和粘贴（按快捷键Ctrl+X和Ctrl+V），使其成为独立的图层。然后对下半部分信息自由变换，单击鼠标右键，在弹出的快捷菜单中选择“扭曲”选项。调整控制点的位置，使其与正面部分衔接。如图3-38～图3-39所示。

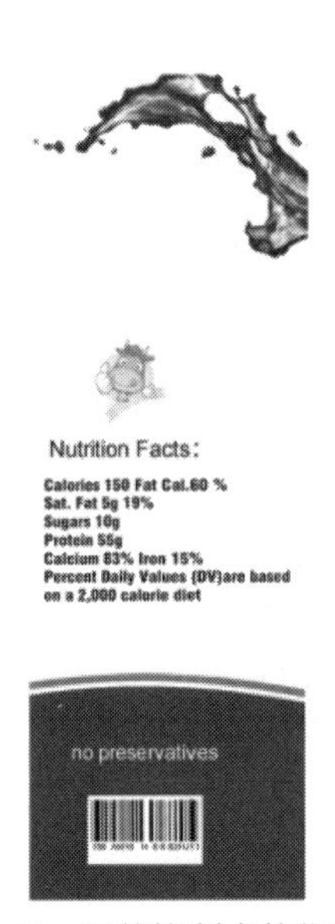

图 3-38　调整控制点的位置

图 3-39　与正面部分衔接效果

23. 在侧面的巧克力部分使用多边形套索工具绘制三角形选区，复制所选区域并摆放到上方空缺处，如图3-40～图3-41所示。

图 3-40　绘制三角形选区

图 3-41　复制所选区域

24. 由于此时正面和侧面的明度相同，所以很难产生立体感，下面需要将侧面部分变暗。新建图层，使用多边形套索工具绘制侧面部分的选区，填充黑色，并设置该图层的“不透明度”为35%，如图3-42～图3-43所示。

图 3-42　填充黑色

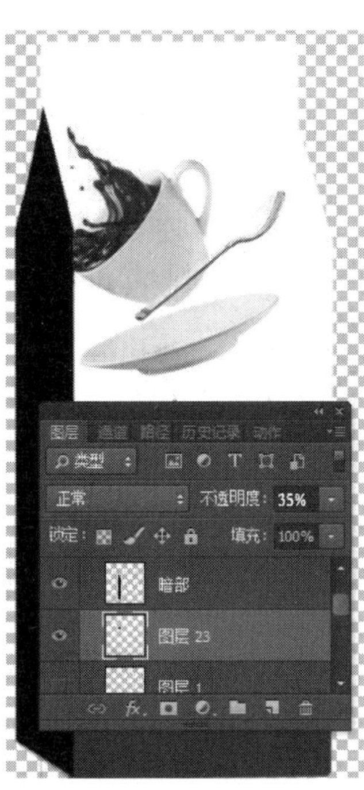

图 3-43　调整不透明度

25. 下面进行包装表面质感的模拟。新建图层，使用画笔工具在顶部的转折处绘制白色线条，执行“滤镜”→“模糊”→“高斯模糊”命令，在弹出的“高斯模糊”对话框中，设置“半径”为6.5像素，此时白色线条呈现模糊的效果，如图3-44～图3-46所示。

图 3-44　绘制白色线条

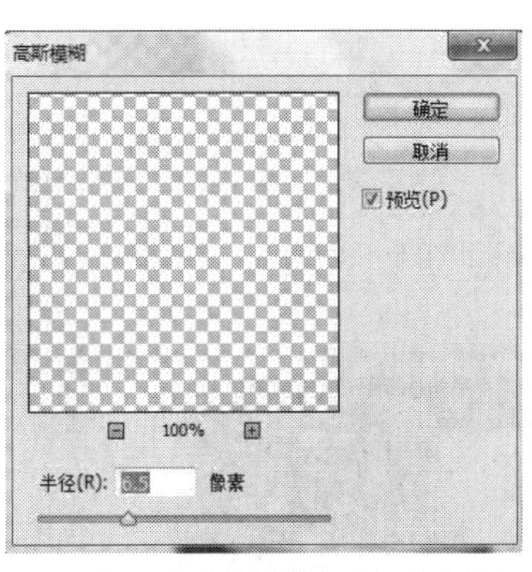

图 3-45　“高斯模糊”对话框

图 3-46　白色线条呈现模糊的效果

26. 使用多边形套索工具绘制顶部选区，填充浅灰色，适当降低不透明度，使顶部出现明显的立体效果，如图3-47～图3-48所示。

图 3-47　绘制顶部选区

图 3-48　立体效果

27. 选择画笔工具，设置前景色为灰色，选择一种圆形柔角画笔，在顶部按住Shift键绘制一条水平的灰色线条，如图3-49所示。

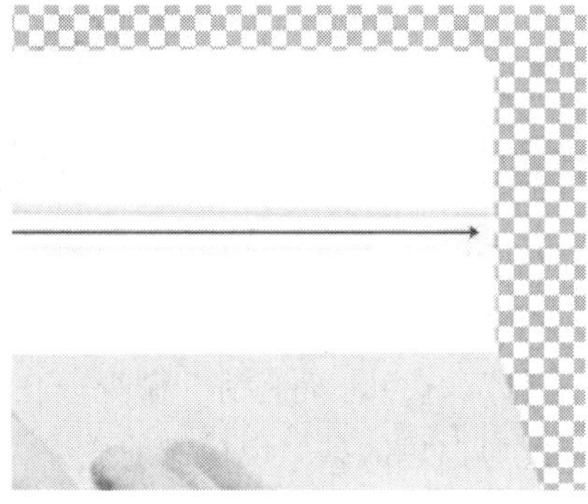
图 3-49　绘制灰色线条

28. 设置前景色为棕色，使用自定形状工具，在其选项栏中设置绘制模式为像素填充，选择一个箭头，在包装顶部绘制一个棕色箭头并进行水平翻转，如图3-50～图3-51所示。

图 3-50　自定形状工具

图 3-51　绘制一个棕色箭头

29. 下面需要制作包装盒的阴影效果，在立面图形的下方新建图层，使用多边形套索工具绘制一个阴影选区，填充黑色，如图3-52～图3-53所示。

图 3-52　绘制一个阴影选区　　　　图 3-53　填充黑色

30. 执行"滤镜"→"模糊"→"高斯模糊"命令，在弹出的"高斯模糊"对话框中，设置"半径"为10像素，此时投影边缘变得柔和，如图3-54～图3-55所示。

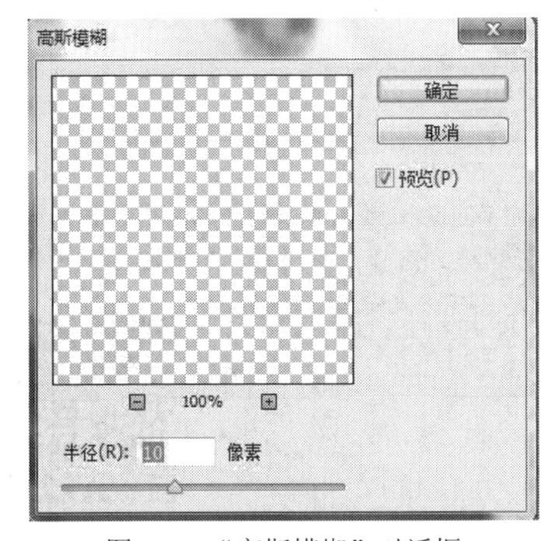

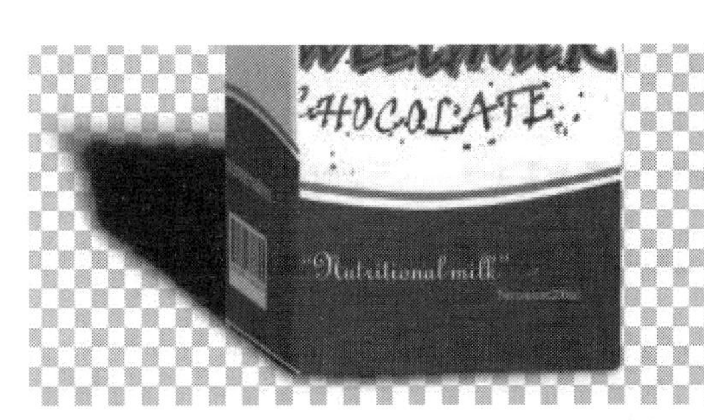

图 3-54 "高斯模糊"对话框　　　　图 3-55　投影

31. 在图层面板中为"阴影"图层添加图层蒙版，使用黑色画笔涂抹多余部分，并设置该图层的"不透明度"为59%，如图3-56～图3-57所示。

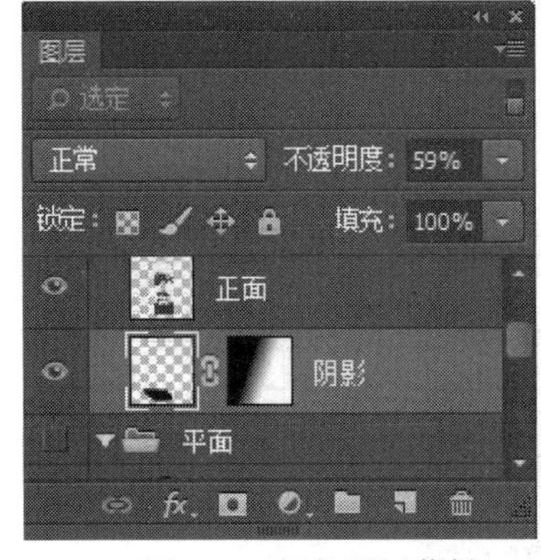

图 3-56　添加图层蒙版　　　　图 3-57　黑色画笔涂抹多余部分

32. 最后导入背景素材，最终效果如图3-58所示。

图 3-58 最终效果

项目导入

本项目应用了Photoshop CC设计制作休闲食品包装。休闲食品包装文案色彩强调产品特点，图片素材选择也都是产品图，背景简约，文字效果根据产品特点来进行编排，同时，图形与文字形成上下结构的排版规则，标志在中间，使得整个效果图更加凸显主题，更加符合现代人审美。

二、休闲食品类包装

效果欣赏

实现过程

1. 启动Photoshop CC，按快捷键Ctrl＋N，打开如图3-59所示的“新建”对话框，新建一个宽度为1341像素、高度为1000像素、分辨率为300像素/英寸、颜色模式为CMYK颜色、背景内容为透明的图像文件，最后单击“确定”按钮。

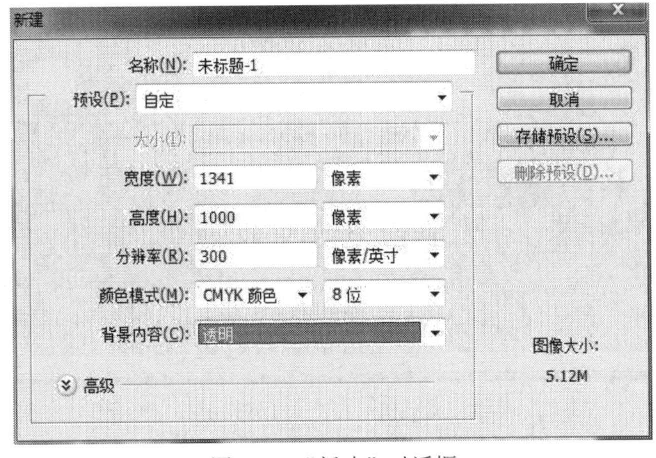

图 3-59 “新建”对话框

2. 首先制作的红枣平面图。为了便于管理，创建图层组“组1”。新建图层，使用矩形选框工具框选一块矩形，由上向下填充橘色系渐变，如图3-60～图3-61所示。

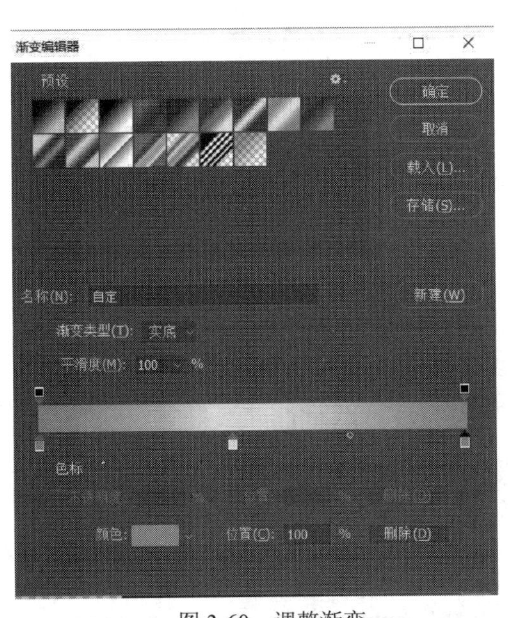

图 3-60 调整渐变

图 3-61 渐变效果

3. 按快捷键Ctrl+O，在弹出的对话框中找到红枣素材，然后将其拖曳到当前图像文件中，如图3-62所示。在图层面板设置混合模式为“正片叠底”，并添加图层蒙版，使用黑色画笔擦除两边区域，只保留中间部分，如图3-63所示。

图 3-62　红枣素材

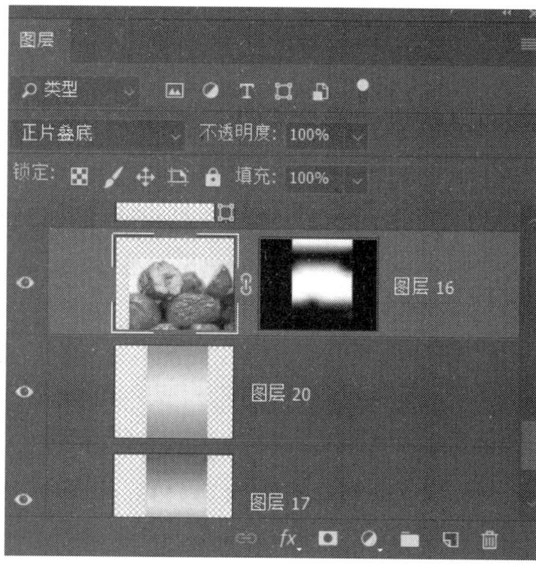

图 3-63　添加图层蒙版

4. 新建图层，设置前景色为黄色，选择自定形状工具，在工具选项栏中单击“像素填充”按钮，选择一个星形，并在画布中拖曳绘制出一个黄色的多边星形，如图3-64所示。

图 3-64　多边星形

5. 复制黄色星形图层，载入选区并为其填充红色，按快捷键Ctrl+T，然后按快捷键Shift+Alt等比例向中心缩进，如图3-65所示。

图 3-65　复制效果

6. 按快捷键Ctrl+O，在弹出的对话框中找到红枣蓝格素材，然后将其拖曳到当前图像文件中并摆放到包装的底部，如图3-66所示。

图 3-66　添加红枣蓝格素材

7. 复制该图层，放在原图层下方。按Ctrl键单击素材图层缩略图载入选区，并为其填充黑色，再执行“滤镜”→“模糊”→“高斯模糊”命令，进行适当模糊处理，图层不透明度为52%，作为阴影，如图3-67所示。

图 3-67　添加阴影效果

8. 使用横排文字工具输入底部品牌文字，如图3-68所示。

图 3-68　添加文字

9. 对文字图层执行“自由变换”命令，将其缩放到合适大小，如图3-69所示。

图 3-69　文字效果

10. 使用横排文字工具输入文字“cuizao”，如图3-70所示。

图 3-70　输入文字

11. 对文字图层执行“自由变换”命令，将其转动到合适位置，如图3-71所示。

图 3-71　转动文字

12. 对文字图层执行“图层”→“图层样式”命令，在弹出的“图层样式”对话框中，选择“投影”选项，在“投影”选项栏中设置“混合模式”为正片叠底，颜色为褐色，“不透明度”为50%，“角度”为90度，“距离”为2像素，“扩展”为3%，“大小”为2像素，选择一个合适的等高线形状，如图3-72所示。

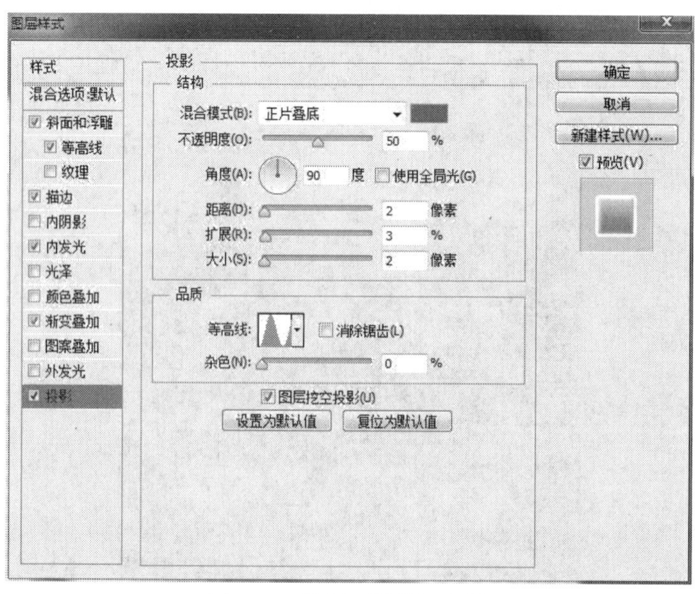

图 3-72　设置“投影”参数

13. 选择“内发光”选项，在“内发光”选项栏中设置“混合模式”为滤色，“不透明度”为75%，颜色为黄色，“阻塞”为20%，“大小”为4像素，如图3-73所示。

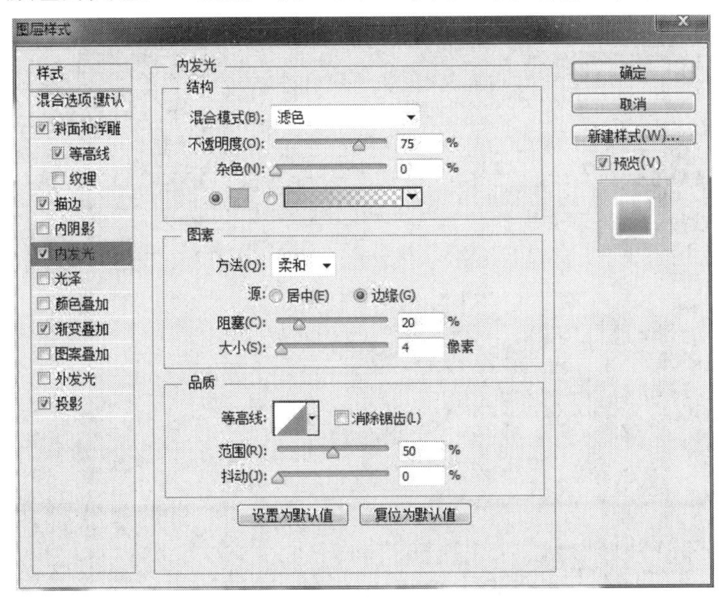

图 3-73　设置“内发光”参数

14. 选择“斜面和浮雕”选项，在“斜面和浮雕”选项栏中设置“样式”为内斜面，“方法”为平滑，“深度”为205%，“大小”为2像素，“软化”为0像素，在“阴影”选项栏中设置“角度”为120度，“高度”为25度，“高光模式”为滤色，颜色为白色，“不透明度”为85%，“阴影模式”为正片叠底，颜色为黄色，“不透明度”为75%，如图3-74所示。

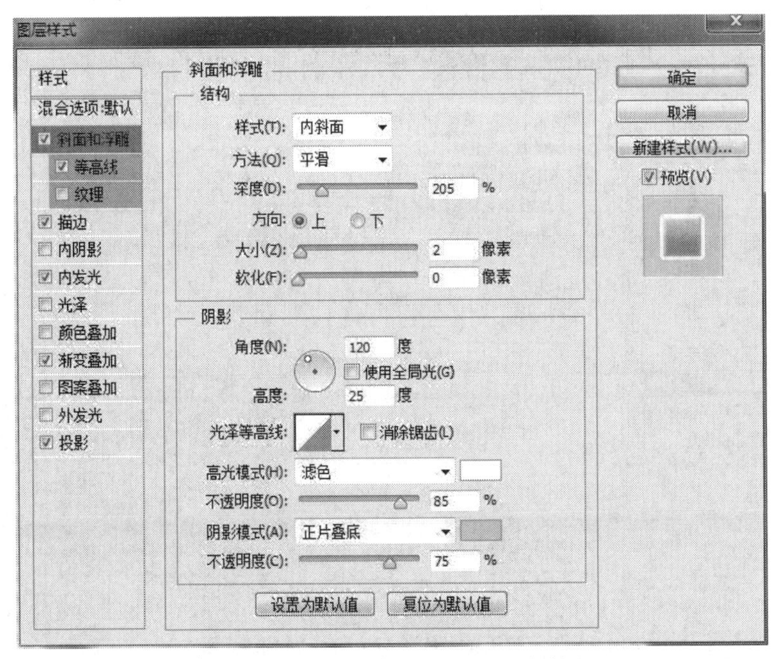

图 3-74　设置“斜面和浮雕”参数

15. 选择“斜面和浮雕”→“等高线”选项，在“等高线”下拉列表框中编辑一种等高线，设置“范围”为38%，如图3-75所示。

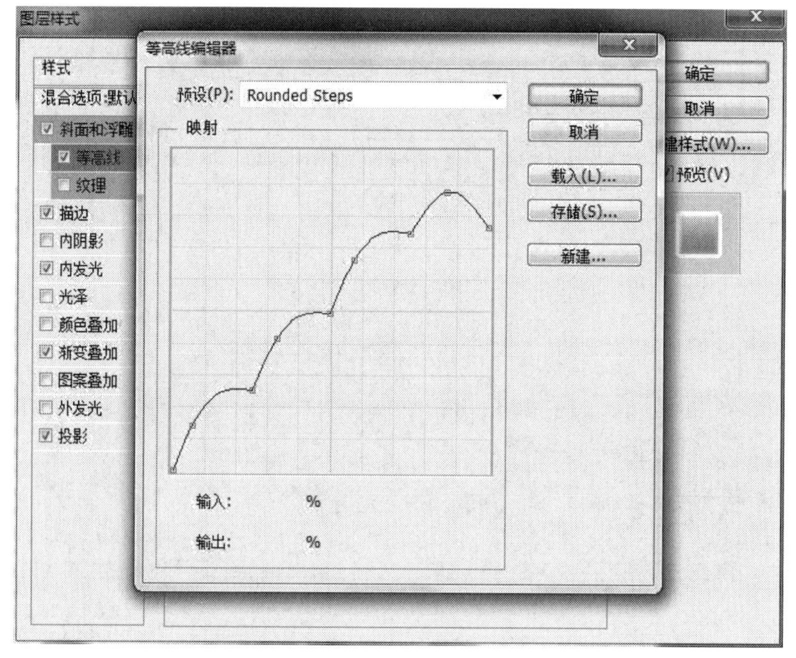

图 3-75 “等高线编辑器”对话框

16. 选择“渐变叠加”选项，在“渐变叠加”选项栏中设置“混合模式”为正常，“不透明度”为100%，“角度”为90度，“样式”为线性，编辑一种黄色系的渐变，如图3-76所示。

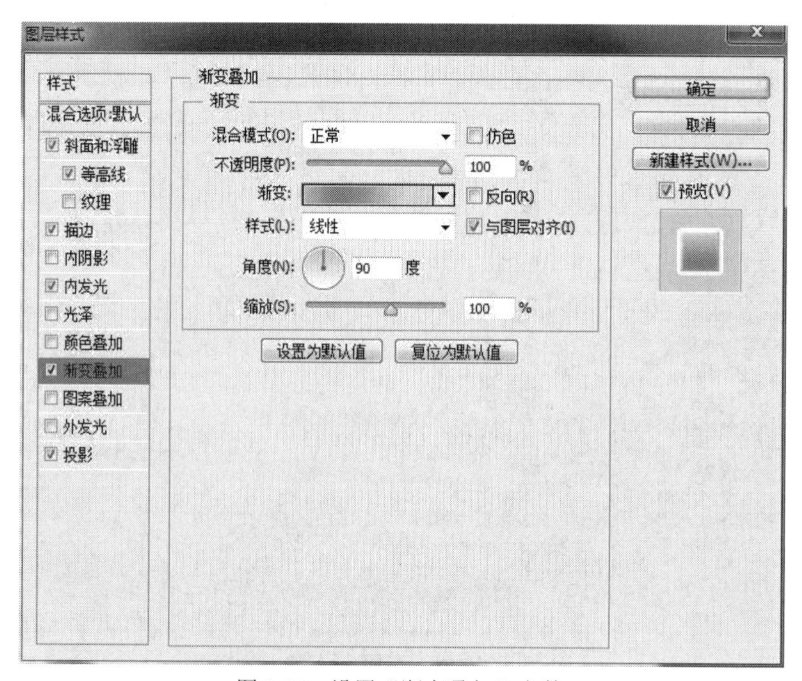

图 3-76 设置“渐变叠加”参数

17. 选择“描边”选项，在“描边”选项栏中设置“大小”为3像素，设置“位置”为外部，“颜色”为白色，如图3-77～图3-78所示。

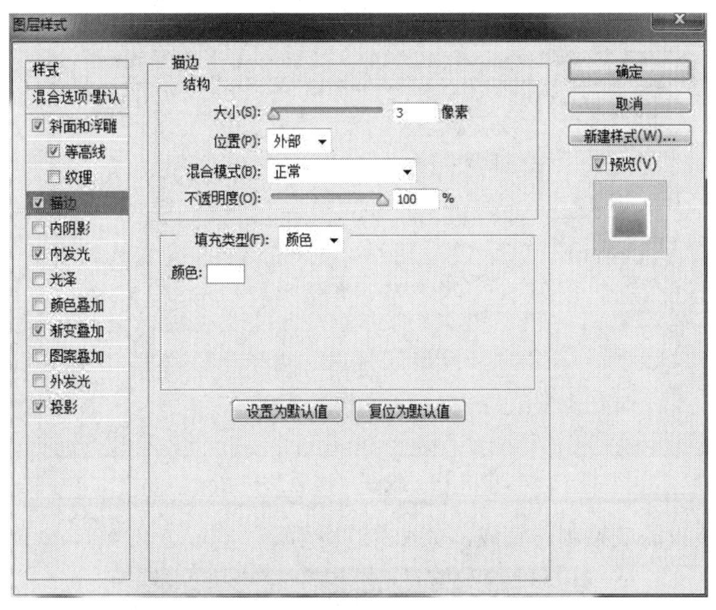

图 3-77　设置“描边”参数

图 3-78　完成效果

18. 接着输入文字，如图3-79所示。然后执行“图层”→“图层样式”命令，在弹出的“图层样式”对话框中，选择“描边”选项，在“描边”选项栏中设置参数如图3-80所示。

图 3-79　输入文字

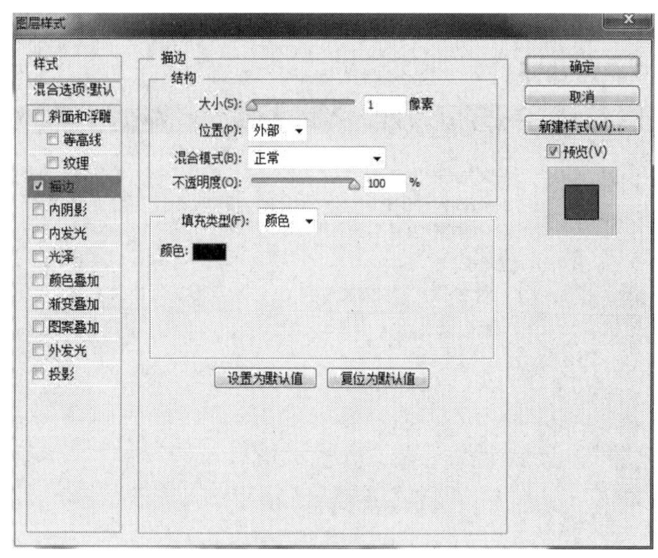

图 3-80　设置“描边”参数

19. 此时包装平面效果制作完成，如图3-81所示。

图 3-81　平面效果

20. 红枣类的食品包装的立体效果主要是由包装边缘的扭曲与包装表面的光泽感营造出的。首先制作顶部和底部的压痕，使用矩形选框工具绘制一个矩形选区，填充白色，设置图层“不透明度”为70%，如图3-82所示。然后复制出一排矩形，如果长度参差不齐也可整体合并图层，然后使用矩形选框工具框选上下两边，按Delete键删除，压痕效果如图3-83所示。

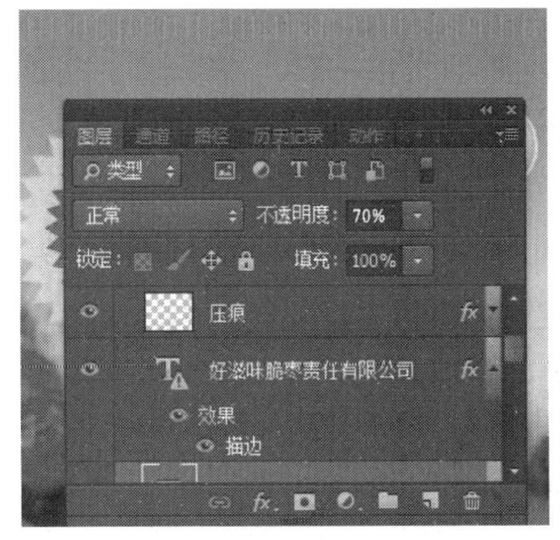

图 3-82　添加压痕效果

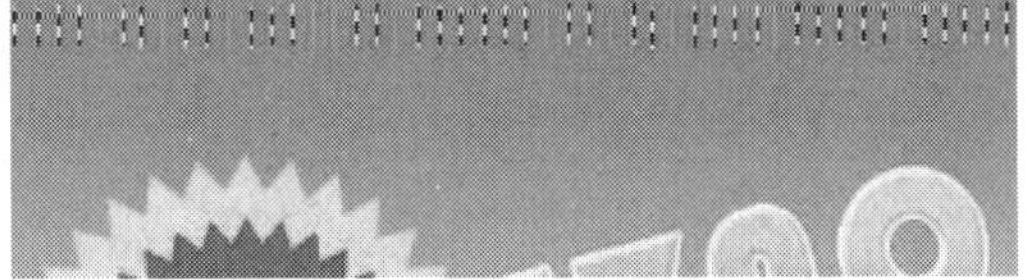

图 3-83　压痕效果

21. 为“压痕”图层添加“投影”效果。执行“图层”→“图层样式”命令，在弹出的“图层样式”对话框中，选择“投影”选项，在“投影”选项栏中设置“不透明度”为75%，“角度”为120度，“大小”为3像素，如图3-84所示，最终压痕效果如图3-85所示。

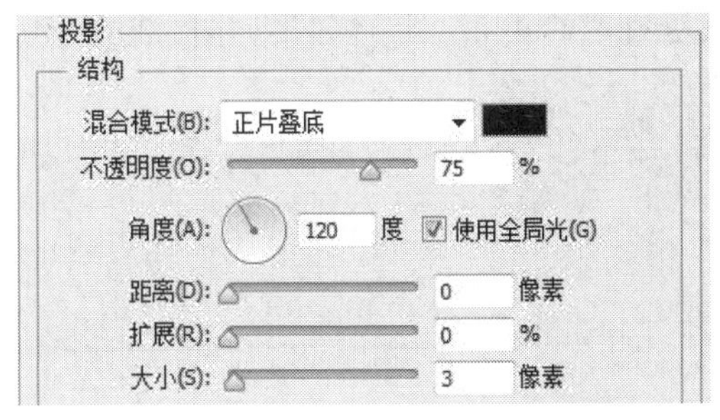

图 3-84　设置“投影”参数

图 3-85　最终压痕效果

22. 复制“组1”建立“组1副本”，单击鼠标右键，在弹出的快捷菜单中选择“合并组”命令，命名为“立面”，如图3-86～图3-87所示。

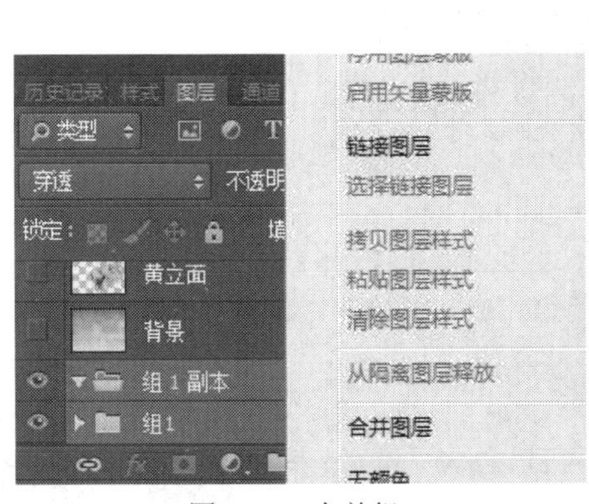

图 3-86　合并组

图 3-87　为合并组命名

23. 为了使包装袋有膨胀的效果，可以使用钢笔工具绘制出平面四周不规则的边缘路径，建立选区后为该图层添加图层蒙版，边缘部分随即被隐藏，如图3-88～图3-89所示。

图 3-88　添加高光效果

图 3-89　添加图层蒙版

24. 下面开始制作高光光泽。创建新组，命名为“高光”新建图层，使用钢笔工具和画笔工具绘制白色高光线条，适当使用模糊工具处理过渡关系，整体效果如图3-90所示。

图 3-90　整体效果

知识链接

高光光泽制作中主要分为抛光和哑光两种。抛光表面显得比较光滑，而哑光表面呈现些许磨砂的质感。两者的差别主要在于抛光的高光范围较小，边缘较硬，亮度均衡；而哑光的高光范围可以相对大些，边缘有比较明显的羽化效果，亮度有明显的过渡。在制作过程中，抛光表面的高光光泽主要使用钢笔工具绘制相应高光形状，转换为选区之后填充高光色，并降低该图层的不透明度。哑光表面可以将制作好的抛光光泽进行模糊或者直接使用柔角画笔进行绘制。

25. 使用同样的方法可制作出其他颜色的包装。最终效果如图3-91所示。

图 3-91 最终效果

项目小结

本项目主要讲述了如何设计制作包装。在项目实施过程中，结合实际案例，来加深读者对包装的认识，通过本项目的学习，对包装的制作方法和包装设计有了大致的了解，能够结合Photoshop软件，运用所学知识，自己动手设计制作包装袋。

DM宣传单设计

项目目标

通过本项目的学习，以设计制作DM来掌握知识点及运用操作技巧，了解DM的尺寸以及分辨率；进一步熟悉图层样式、图层蒙版；掌握色彩调整，同时巩固之前学过的Photoshop文件的操作方法。

技能要点

◎ 了解DM的尺寸以及分辨率
◎ 熟悉图层样式
◎ 熟悉图层蒙版
◎ 掌握色彩调整
◎ 掌握文字的编辑

项目导入

本项目应用了Photoshop CC设计制作一张以法国葡萄酒为主题的DM宣传单。为了突出葡萄酒的年代性与国际化，在设计制作中加入葡萄酒酿造过程、葡萄庄园等多幅形象生动的图片，并搭配金暗色的颜色，庄严而稳重，高端又大气。

一、酒类 DM 宣传单

效果欣赏

实现过程

1. 启动Photoshop CC，按快捷键Ctrl＋N，打开如图4-1所示的“新建”对话框，新建一个宽度为38.8厘米、高度为26.6厘米、分辨率为300像素/英寸、颜色模式为RGB颜色、背景内容为白色的图像文件，最后单击“确定”按钮。

新建
名称(N): 未标题-1
预设(P): 自定
大小(I):
宽度(W): 38.8 厘米
高度(H): 26.6 厘米
分辨率(R): 300 像素/英寸
颜色模式(M): RGB 颜色 8 位
背景内容(C): 白色
高级
确定
复位
存储预设(S)...
删除预设(D)...
图像大小:
41.2M

图 4-1 “新建”对话框

2. 首先按快捷键“Ctrl+R”或执行“视图”→“标尺”命令显示出标尺。

3. 在垂直标尺上分别拖出三条参考线，并分别置于0.3厘米、21.3厘米、42.3厘米的位置上，在水平标尺上分别拖出两条参考线，分别置于0.3厘米、30厘米的位置上。如图4-2所示。

图 4-2　添加参考线

4. 填充背景颜色，首先需要全选整个画布，按快捷键Ctrl+A产生选区，然后定义拾色器前景色颜色，会出现如图4-3所示的拾色器（前景色）对话框，在拾色器中调整前景色颜色，单击“确定”按钮，按快捷键Ctrl+ Delete填充颜色。

图 4-3　“拾色器（前景色）”对话框

提示

在置入图像的操作时，我们会了解到Photoshop支持很多种图像格式。这些图像格式中几乎所有的位图图像（例如JPG、TIFF格式等）都是方形实底的，在置入图像时，将以左侧DM正面两条参考线作为等分线，在其中置入一张图像。

5. 按快捷键Ctrl+O，在弹出的对话框中找到背景素材，然后使用移动工具，将图像选中拖入框内置于左侧。如图4-4所示。

图 4-4 置入背景素材

6. 由于置入的图片是方形，比较死板，所以在图像上方添加了一个拱形色块。用钢笔勾出一个拱形，转化成选区，填充与背景色一样的颜色，与背景融为一体，如图4-5所示。

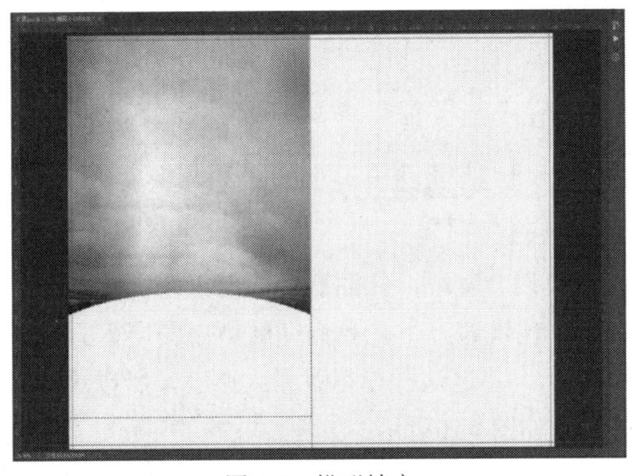

图 4-5 拱形填充

7. 执行上面的操作步骤，找到葡萄酒与蝴蝶素材，并将其拖入框中进行缩放移动，得到效果如图4-6所示。

图 4-6 置入葡萄酒与蝴蝶素材

8. 同上，首先置入葡萄藤素材对其进行缩放移动，摆放在合适的位置，如图4-7所示。图像调整好后，单击按钮 创建图层蒙版。前景色为黑色时隐藏图像，白色为显示图像，使用画笔工具，前景色设为黑色，在蒙版中涂抹需要隐藏的部分图像。如果涂抹过多，则前景色切换为白色涂抹，显示图像。反复调整，完成效果如图4-8所示。

图 4-7　置入葡萄藤素材

图 4-8　完成效果

9. 操作完以上步骤，我们会发现，红酒瓶后面的天空图片与整体颜色有点不太协调，稍微有点偏暗，所以要把颜色调整一下。我们在红酒瓶图层下方，天空图层的上方添加了一层白色图像，如图4-9所示。不过这样使得背景太白了，所以这次我们用到了图层模式。把白色图层改成叠加模式，如图4-10所示。

图 4-9　偏白图像

图 4-10　叠加后效果

提示

图像以及背景全部制作完成后，接下来就要使用文字工具了，输入文案了解产品内容。文字工具最常用的就是横排文字工具。但需要注意的是文字的颜色是跟着前景色的颜色所变化的，以及文字字体大小、样式等都在文字工具选项栏编辑。

10. 使用文字工具，按快捷键“T”，文案输入比较简单，把我们需要的文案输到里面就行了，我们要注意英文字体和中文字体是不一样的，需要分开选择字体。文字的输入、摆放、大小调整全部完成后，完成效果正面如图4-11所示。

图 4-11 完成效果正面

11. 接下来制作DM背面，为了突出文案，需要添加一个与整体颜色搭配的色块来衬托文案。按照前面方法，弹出“拾色器（前景色）”对话框，我们选择一个深棕色为前景色。再选择矩形工具，在右侧上部分位置上绘制出一个深棕色矩形，再在最下方绘制一个稍微窄一点的深棕色矩形，效果如图4-12所示。

图 4-12 深棕色矩形与文字效果

12. 矩形绘制完成后，用前面的方法把装饰图像置入里面，使用文字工具输入文字，如图4-13所示。

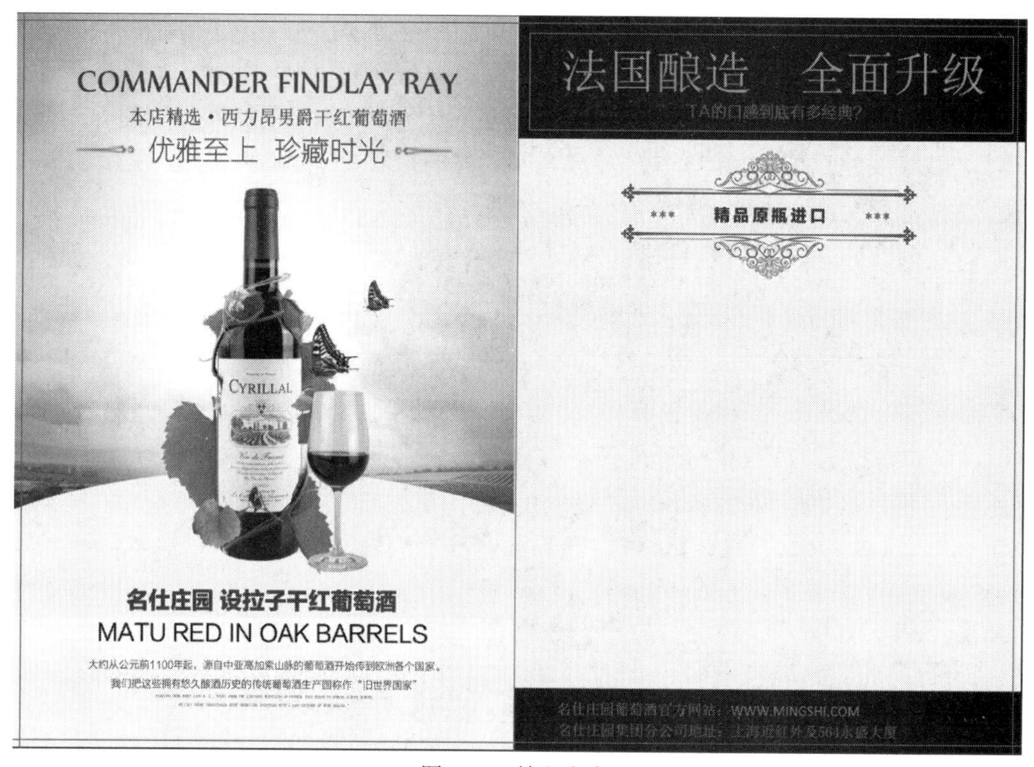

图 4-13 输入文字

知识链接

剪贴蒙版是Photoshop软件中一个非常特别、非常有趣的蒙版，用它可以制作出一些特殊的效果。首先我们记住剪贴蒙版属于图层蒙版中的一种，它的快捷键是Ctrl+Alt+G，也可以按住Alt键，在两图层中间出现图标后单击左键，建立剪贴蒙版后，上方图层缩略图缩进，并且带有一个向下的箭头，如图4-14所示。该命令是通过使用处于下方图层的形状来限制上方图层的显示状态，达到一种剪贴画的效果，即“下形状上颜色”。

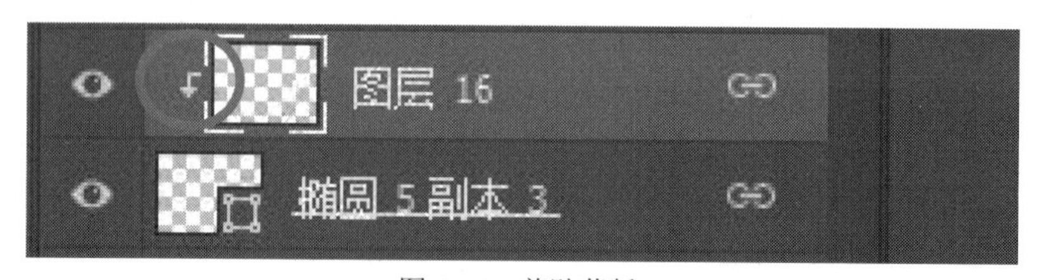

图 4-14 剪贴蒙版

13. 按快捷键Ctrl+O，在弹出的对话框中找到葡萄素材，对其进行缩放以及调整位置大小，如图4-15所示。

图 4-15　调整位置大小

14. 设置填充一个不规则形状为任意颜色，也对其进行缩放，位置摆放在葡萄图层的下方，正好遮住不规则形状。如图4-16所示。

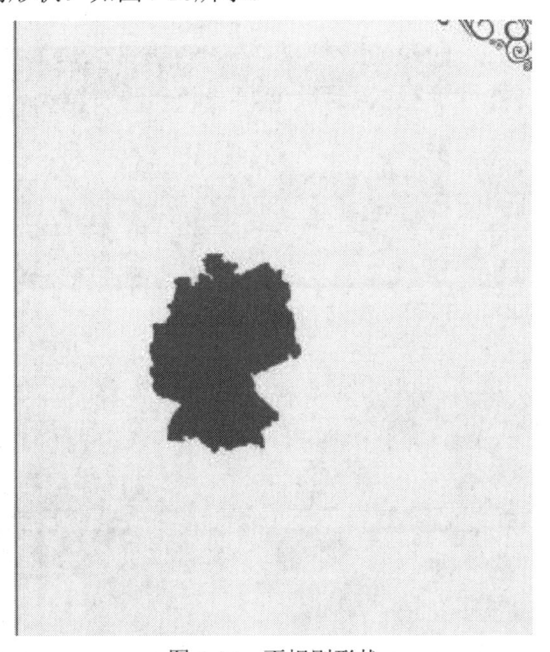

图 4-16　不规则形状

15. 将位置摆放合适后，按快捷键Ctrl+Alt+G，执行“剪贴蒙版”命令，得到如图4-17所示的效果。为避免不小心移动遮色对象中的图像，在执行“剪贴蒙版”操作后可以按快捷键Ctrl+Alt+G组合执行“组成群组”操作。

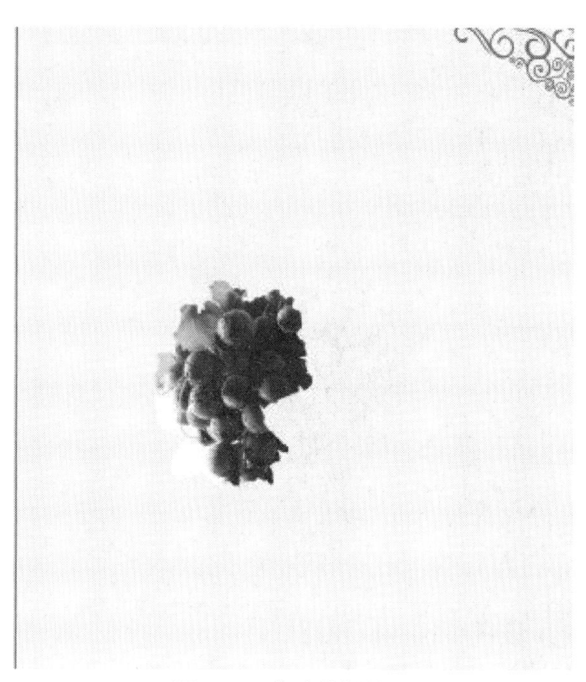

图 4-17　剪贴蒙版效果

16. 按照上面创建剪贴蒙版的操作方法，分别置入如图4-18所示素材，并分别为各种图像素材创建剪贴蒙版效果，得到效果如图4-19所示，此时DM的整体效果如图4-20所示。

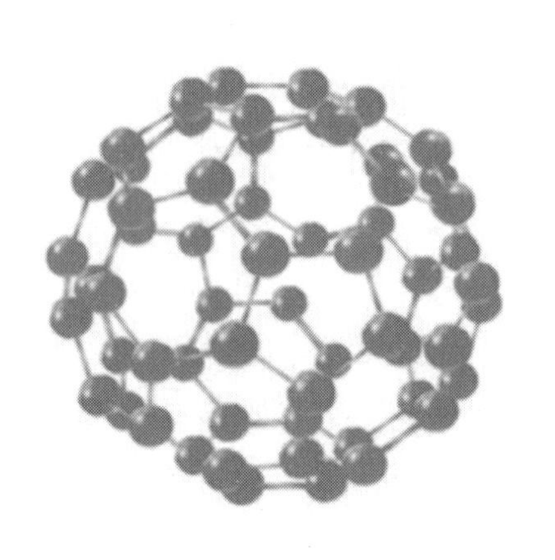

图 4-18　素材展示

图 4-19　剪贴蒙版效果

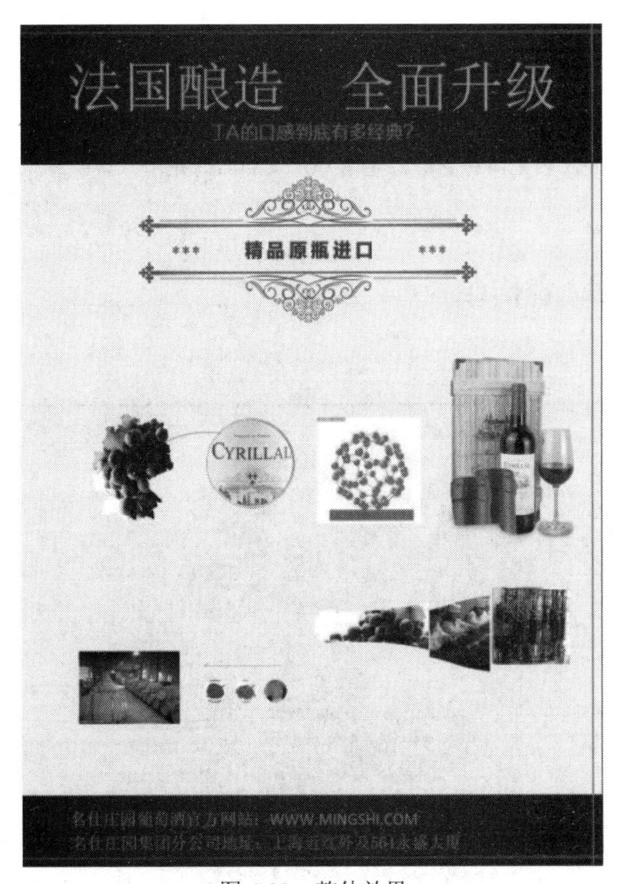

图 4-20　整体效果

17. 前景色颜色选择深棕色，使用横排文字工具，输入文字，设置字体大小，然后调整文字位置，最终效果如图4-21所示。

图 4-21 最终效果

项目导入

本项目应用了Photoshop 设计制作一张以汉堡包为主题的DM宣传单。为了突出DM宣传单的新颖别致，在设计制作过程中加入了充满诱惑的汉堡图片以及食品的介绍，搭配鲜艳的颜色，顿时令人食欲大开。

二、汉堡包 DM 宣传单

效果欣赏

实现过程

1. 启动Photoshop CC，按快捷键Ctrl＋N，打开如图4-22所示的“新建”对话框，新建一个宽度为21.6厘米、高度为29.1厘米、分辨率为300像素/英寸、颜色模式为RGB颜色、背景内容为白色的图像文件，最后单击“确定”按钮。

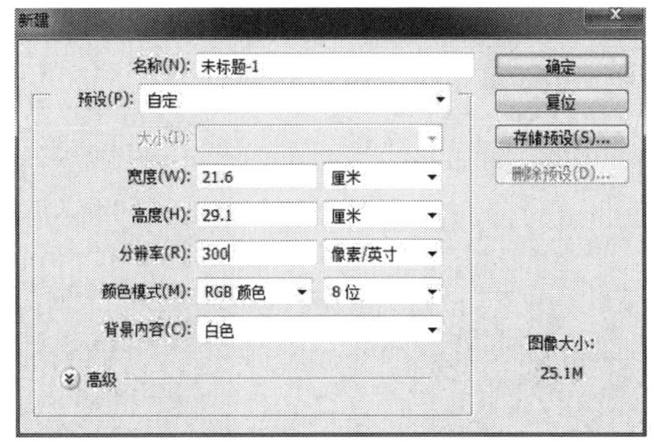

图 4-22 “新建”对话框

2. 首先设置前景色为黄色#f9f3cf，按快捷键Alt+Delete，填充前景色，如图4-23所示。

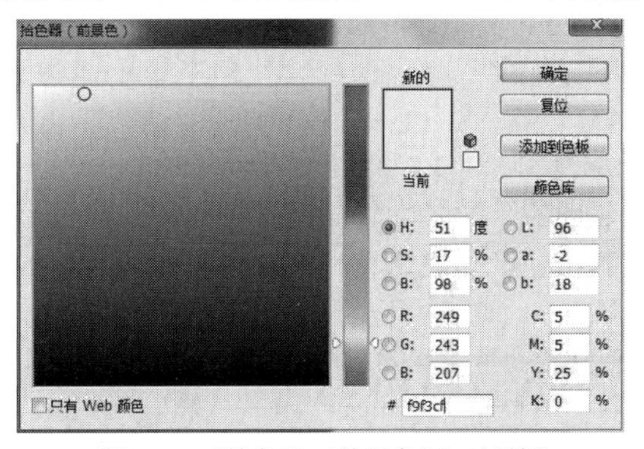

图 4-23 “拾色器（前景色）”对话框

3. 设置前景色为黄色。单击填充工具按钮，填充前景色，如图4-24所示。

图 4-24 填充颜色

4. 创建绿底。新建图层，命名为“绿底”。使用多边形套索工具创建选区，在工具箱中，单击填充工具按钮，填充颜色，或按快捷键Alt+Delete，填充前景色。如图4-25～图4-26所示。

图 4-25　创建选区

图 4-26　填充颜色

提示

在掌握填充颜色操作方法的同时，还应了解拾色器的编辑配色技巧等色彩搭配相关内容。

5. 创建品红底。新建图层，命名为“品红底”。使用多边形套索工具创建选区，在工具箱中，单击填充工具按钮，填充颜色，或按快捷键Alt+Delete，填充前景色。如图4-27～图4-28所示。

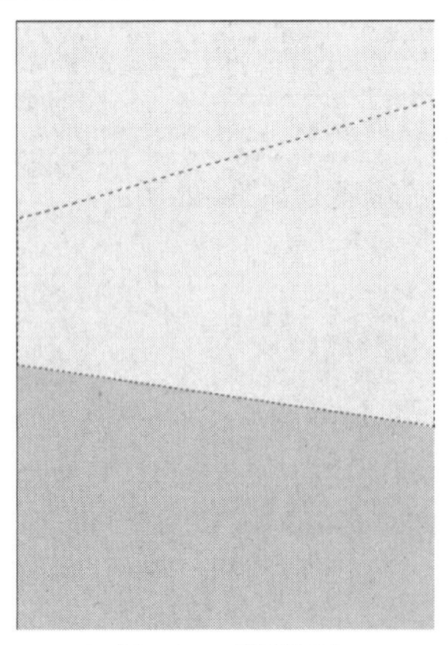

图 4-27　创建选区

图 4-28　填充颜色

6. 添加广告牌素材并拖动对象。按快捷键Ctrl+O，在弹出的对话框中找到广告牌素材，然后将其拖曳到当前图像文件中并调整位置大小，如图4-29所示。按快捷键Ctrl+T，适当旋转图像，如图4-30所示。

图 4-29　添加广告牌素材

图 4-30　广告牌倾斜

7. 添加花朵素材，按快捷键Ctrl+O，在弹出的对话框中找到花朵素材，然后将其拖曳到当前图像文件中并调整位置大小，如图4-31所示。

图 4-31　添加花朵素材

知识链接

利用文字工具，输入文案，打开图层样式并添加渐变叠加图层样式，选中“渐变叠加”选项及描边图层样式复选框，如图4-34～图4-35所示。

8. 添加“投影”效果。双击“花朵”图层，在弹出的“图层样式”对话框中选择“投影”选项，在“投影”选项栏中设置“不透明度”为23%，“角度”为120度，“距离”为9像素，“扩展”为0%，“大小”为4像素，选中“使用全局光”复选框，如图4-32所示。

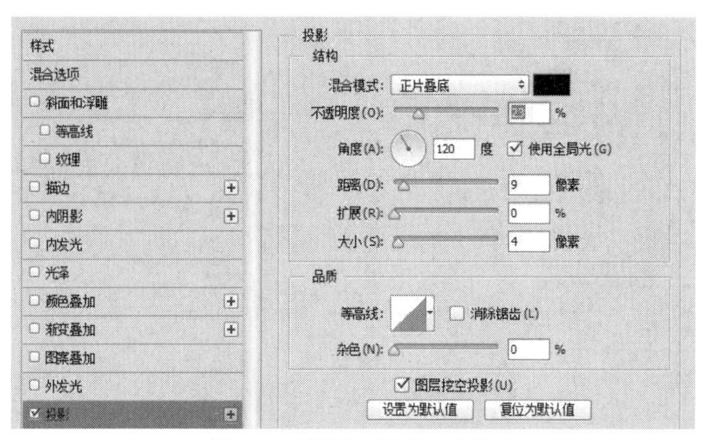

图 4-32　设置“投影”参数

9. 使用横排文字工具，在图像中输入文字，在字符面板中，设置合适的字体，大小为88点，字距为139，适当旋转文字，效果如图4-33所示。

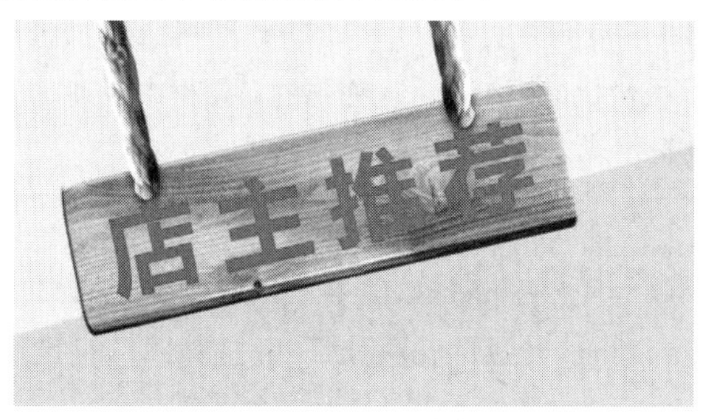

图 4-33　输入文字“店主推荐”

10. 添加“渐变叠加”效果。双击文字图层，在弹出的“图层样式”对话框中选择“渐变叠加”选项，在“渐变叠加”选项栏中设置“样式”为线性，“角度”为90度，“缩放”为100%，“渐变”为深红色到红色，如图4-34所示。

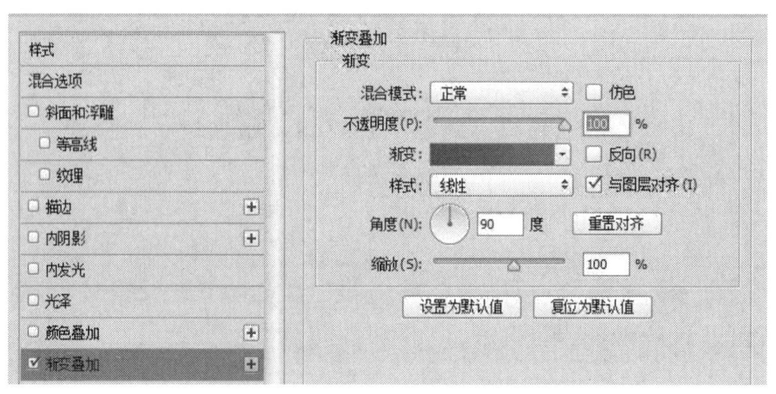

图 4-34　设置“渐变叠加”参数

11. 添加“描边”效果。双击文字图层，在弹出的“图层样式”对话框中选择“描边”选项，在“描边”选项栏中设置“大小”为16像素，“颜色”为白色，如图4-35

所示。

样式
混合选项
斜面和浮雕
等高线
纹理
描边
内阴影
内发光
光泽
颜色叠加
渐变叠加
描边
结构
大小(S): 10 像素
位置: 外部
混合模式: 正常
不透明度(O): 100 %
叠印
填充类型: 颜色
颜色:

图 4-35 设置“描边”参数

提示

图层混合模式是一个重点知识。首先我们记住图层混合模式与下一图层有关，该命令可以用不同的方法将对象颜色与底层对象的颜色混合。当你将一种混合模式应用于某一对象时，在此对象的图层或组下方的任何对象上都可看到混合模式的效果。

12. 添加底纹素材并拖动对象。按快捷键Ctrl+O，在弹出的对话框中找到底纹素材，将其拖曳到当前图像文件中，然后移动并旋转到适当位置（在此移动到“广告牌”图层下方），如图4-36所示。更改“底纹”图层混合模式“颜色减淡”，如图4-37所示。完成效果如图4-38所示。

图 4-36 添加底纹素材

图 4-37 移动图层

图 4-38 完成效果

13. 添加图层蒙版。为“底纹”图层添加图层蒙版，使用黑色画笔工具涂抹中间部分，隐藏图像，绘制星形。在工具箱中选择多边形工具，在其工具选项栏中单击多边形工具按钮，在展开的下拉菜单中选中“星形”复选框，拖动鼠标绘制星形路径，如图4-39所示。

图 4-39 绘制星形路径

14. 设置星形填充色。载入路径选区后，设置星形填充颜色为#f28e13，调整位置和大小，如图4-40所示。

图 4-40 设置星形填充色

15. 设置描边。使用前面介绍的方法，添加白色描边图层，效果如图4-41所示。

图 4-41 设置描边

16. 前景色选择深棕色，使用横排文字工具，输入文案，设置字体大小，然后调整文字位置，摆放合适后，完成效果如图4-42所示。

图 4-42 完成效果

17. 添加午餐素材并拖动对象。按快捷键Ctrl+O，在弹出的对话框中找到午餐素材，将其拖曳到当前图像文件中，然后移动并旋转到适当位置如图4-43所示。

图 4-43　添加午餐素材

18. 创建圆形选区。使用椭圆工具创建选区，填充橙色#ef8200，如图4-44所示。按住Alt键拖动复制图形，如图4-45所示。

图 4-44　创建圆形选区

图 4-45　填充橙色

19. 设置黄色渐变色。使用渐变工具，单击渐变色条，在弹出的“渐变编辑器”对话框中设置渐变色为白黄（#ffea6d），如图4-46所示。

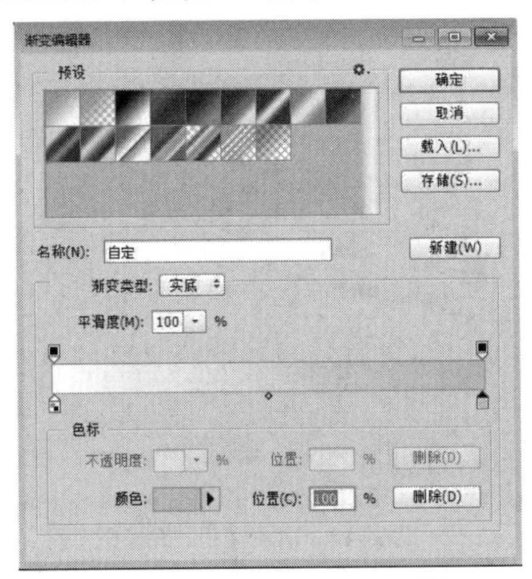

图 4-46 “渐变编辑器”对话框

20. 填充渐变色。在其工具选项栏中，单击“径向渐变”按钮，拖动鼠标弹出渐变色，如图4-47和图4-48所示。

图 4-47 圆形选区

图 4-48 填充渐变色

21. 输入文字。设置前景色为橙色#ef8200。使用横排文字工具，在图像中输入文字“午”，在其工具选项栏中设置字体为黑体，大小为58点，如图4-49所示。

图 4-49　输入文字“午”

22. 继续输入文字。设置前景色为绿色#006c20。使用横排文字工具，在图像中输入文字“餐”，在其工具选项栏中设置字体为方正大黑简体，大小为34点，如图4-50所示。

图 4-50　输入文字“餐”

23. 继续输入文字。输入文字“心动价”并添加描边效果，设置描边参数如图4-51所示，完成效果如图4-52所示。

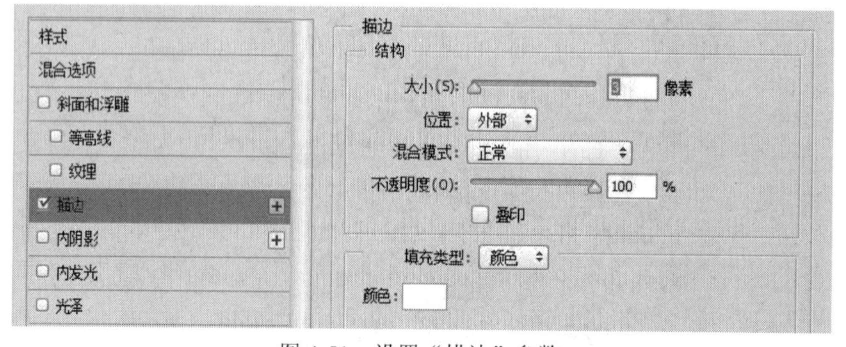

图 4-51　设置“描边”参数

图 4-52　完成效果

24. 创建文字底图。使用矩形选框工具，创建矩形选区，填充色#eb5505，然后使用多边形套索工具选中右上角的区域，按Delete键删除多余图像，如图4-53所示。

图 4-53　创建矩形选区

25. 输入文字。输入白色文字“22.80元”，在其工具选项栏中设置字体为方正大黑简体和方正黑体简体，如图4-54所示。

图 4-54　输入价格

26. 继续输入文字。使用横排文字工具，输入文字，在其工具选项栏中设置字体为方正黑体简体，大小为12点和9点，如图4-55所示。

图 4-55　输入文字

27. 绘制爆炸对象。新建图层，命名为“爆炸对象”。选择自定形状工具，在工具选项栏的“形状”下拉菜单中选择“十角星”，拖动鼠标绘制形状，并填充为红色，如图4-56所示。

图 4-56　绘制爆炸对象

28. 添加“外发光”效果。在“图层样式”对话框中，选择“外发光”选项，在“外发光”选项栏中设置“混合模式”为滤色，颜色为白色，“不透明度”为75%。“扩展”为0%，“大小”为15像素，如图4-57所示。

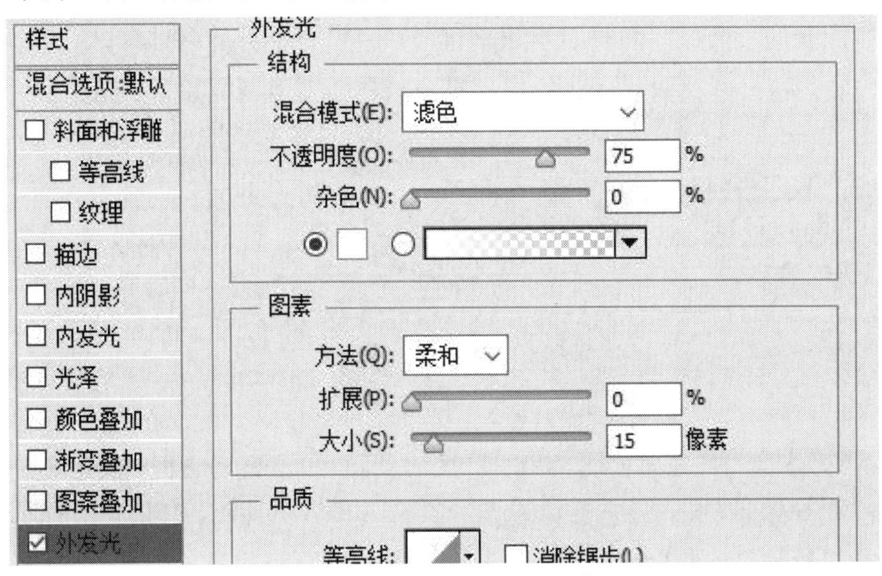

图 4-57 设置“外发光”参数

29. 输入文字。使用横排文字工具输入白色文字“送”，在其工具选项栏中设置字体为方正大黑简体，大小为25点，适当旋转文字方向，如图4-58所示。

图 4-58 输入文字“送”

30. 继续输入文字。输入文字“精美礼品一份”，在其工具选项栏中设置字体为方正黑体简体，大小为16点，如图4-59所示。

图 4-59　输入文字“精美礼品一份”

31. 添加晚餐素材并拖动对象。按快捷键Ctrl+O，在弹出的对话框中找到晚餐素材，将其拖曳到当前图像文件中，然后拖动到适当位置，如图4-60所示。使用相同的方法创建左下角的晚餐宣传文字，如图4-61所示。

图 4-60　添加晚餐素材

图 4-61　创建左下角的晚餐宣传文字

32. 创建底部色条。新建图层，命名为“底部色条”。使用矩形选框工具创建矩形选区，填充红色#c70026，如图4-62所示。

图 4-62　创建底部色条

33. 输入文字。使用横排文字工具输入文字，在其工具选项栏中设置字体为黑体，大小为20点，颜色为黄色#fff796，最终效果如图4-63所示。

图 4-63　最终效果

项目小结

本项目主要讲述了如何设计制作DM宣传单。在项目实施过程中，结合实际案例，来加深读者对DM宣传单的认识，熟悉基本的色彩知识，能够掌握图像处理方法，以及熟练掌握形状工具，结合Photoshop软件，自己动手设计制作DM宣传单。

海报设计

项目目标

通过本项目的学习，以设计制作海报来掌握知识点。了解和认识海报；认识海报的设计原理；初步掌握简单的海报设计方法；掌握图案、文字、色彩的正确表现方法；掌握文字的设计制作；能够设计较简单的海报。

技能要点

◎ 掌握海报尺寸的创建方法
◎ 掌握蒙版的应用
◎ 掌握图层样式的应用
◎ 掌握图案、文字、色彩的正确表现方法
◎ 掌握文字的设计制作

项目导入

本项目应用了Photoshop CC设计制作一张电影海报。为突出该海报的标题，在设计这个海报时，我们特别挑选了大量的精彩图片，并选择暗色系作为海报的主体颜色，达到吸人眼球的目的，同时，海报中的版式采用了对称的摆放方式，也更容易加深人们的印象。

一、电影海报设计

效果欣赏

实现过程

1. 启动Photoshop CC，按快捷键“Ctrl＋N”，打开如图5-1所示的“新建”对话框，新建一个宽度为60厘米、高度为90厘米、分辨率为72像素/英寸、颜色模式为RGB颜色、背景内容为白色的图像文件，最后单击“确定”按钮。

新建			
名称(N):	未标题-1		确定
文档类型:	自定		取消
大小:			存储预设(S)...
宽度(W):	60	厘米	删除预设(D)...
高度(H):	90	厘米	
分辨率(R):	72	像素/英寸	
颜色模式:	RGB 颜色	8 位	
背景内容:	白色		图像大小: 12.4M
高级			
颜色配置文件:	工作中的 RGB: sRGB IEC619...		
像素长宽比:	方形像素		

图 5-1 “新建”对话框

2. 新建的画布尺寸为：宽度为60厘米，高度为90厘米，如图5-2所示。

图 5-2 新建画布

提示

电影海报的主要组成部分，分别是背景、电影名称、电影主要人物、电影主要成员文案。电影海报的背景主要衬托海报的重要信息。

3. 这里我们选择一个较暗的图片作为背景，如图5-3～图5-4所示。

图 5-3　背景 1

图 5-4　背景 2

4. 添加背景素材。按快捷键Ctrl+O，在弹出的对话框中找到背景1素材，将背景1素材拖动到画布上按Enter键确认，如图5-5所示。

图 5-5　拖动素材到画布

5. 这时候我们的素材和画布大小是不一样的，我们需要使用自由变换，按快捷键Ctrl+T然后按住Shift键，用鼠标拉伸素材的一个角如图5-6所示。

图 5-6　拉伸图片

提示

在使用自由变换进行拉伸时按住Shift键防止图片变形。

6.将图片拉伸到合适大小，拉伸完成如图5-7所示。

图 5-7　拉伸完成

7. 为了给海报加一些效果，给背景1增加剪贴蒙版，新建“图层1”，按快捷键

Ctrl+Shift+Alt+N，在新建图层上使用画笔工具涂抹出一部分白色。如图5-8～图5-9所示。

图 5-8　新建“图层 1”

图 5-9　剪贴蒙版

8. 添加背景2素材，执行上面的步骤，然后将背景2拖动到画布，拉伸到与背景1合适大小，运用剪贴蒙版按住Alt键把鼠标放在“背景2”图层和“剪贴蒙版”图层中间单击鼠标左键，如图5-10～图5-11所示。

图 5-10　剪贴蒙版

图 5-11　剪贴蒙版完成

9. 将“背景2”图层不透明度调整到9%，给它一种模糊的感觉，鼠标单击不透明度然后调整不透明度，如图5-12所示。整体不透明度效果如图5-13所示。

图 5-12　调整不透明度

图 5-13　整体不透明度效果

10. 找到海报的主角素材，电影海报的人物是海报的主要看点，想要海报更吸引人就需要人物图片的设计了。

11. 复制“背景1”图层，将复制的图层移动到图层的最上方，如图5-14所示。

图 5-14　调整复制图层

12. 按住快捷键Ctrl+T自由变换，复制“背景1”，然后调整角度如图5-15所示。

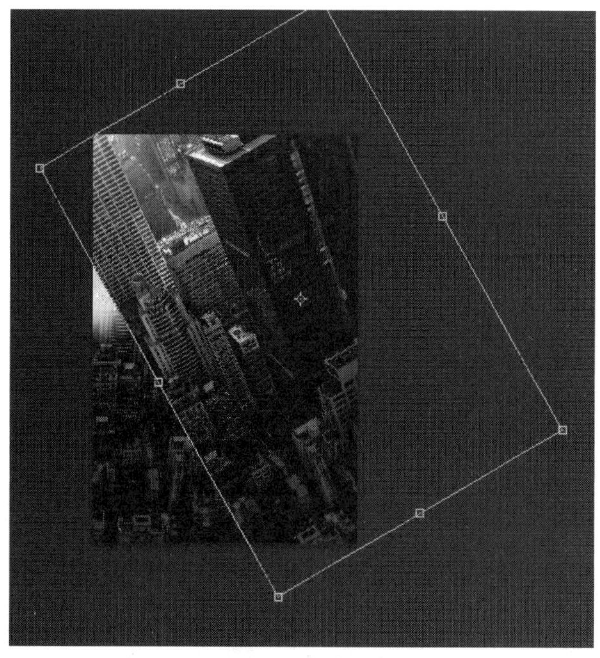

图 5-15　调整复制背景角度

13. 新建一个图层，按快捷键Ctrl+Shift+Alt+N，将其命名“剪贴蒙版2”，然后使用画笔工具，把画笔颜色调成白色，“硬度”调整到0%，“大小”为1300像素，画笔样式选择第一个揉边圆，如图5-16所示。新建图层上涂抹出白色部分如图5-17所示。

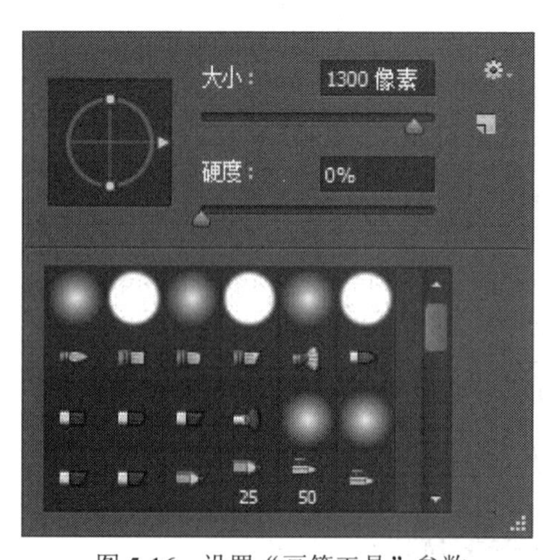

图 5-16　设置“画笔工具”参数

图 5-17　涂抹出白色部分

14. 接下来是海报的文字制作。海报最重要最需要突出的就是标题了，如图5-18所示，

电影海报作为宣传海报最重要的就是宣传效果，海报名称字体的设计就特别重要了。

图 5-18　海报的文字制作效果

15. 新建画布，画布底色为白色，然后使用文字工具，在文字工具选项栏中设置字体为华文新魏，大小为100点，颜色为红色，如图5-19所示。

图 5-19　文字工具选项栏

16. 在画布上输入“战狼”二字，字体颜色选择的是跟背景反差较大的红色，会感觉红色名称比较突出更加吸引人，如图5-20所示。

图 5-20　输入“战狼”

17. 接下来就是对文字的设计了，文字的设计方式有很多种，如变换字体的偏旁，对文字增加点修饰，等等。按快捷键Ctrl+O，在弹出的对话框中找到素材展示，如图5-21～图5-24所示。

图 5-21　素材展示 1

图 5-22　素材展示 2

图 5-23　素材展示 3

图 5-24　素材展示 4

18. 将素材展示3进行修饰留下需要的部分，然后用多边形套索工具，选取需要的部分，如图5-25所示。

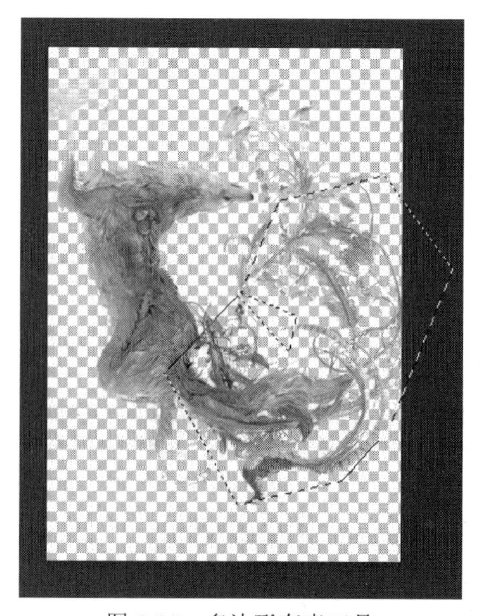

图 5-25　多边形套索工具

19. 然后按快捷键Ctrl+Shift+I反选，按Delete键删除不需要的部分，得到效果如图5-26所示。

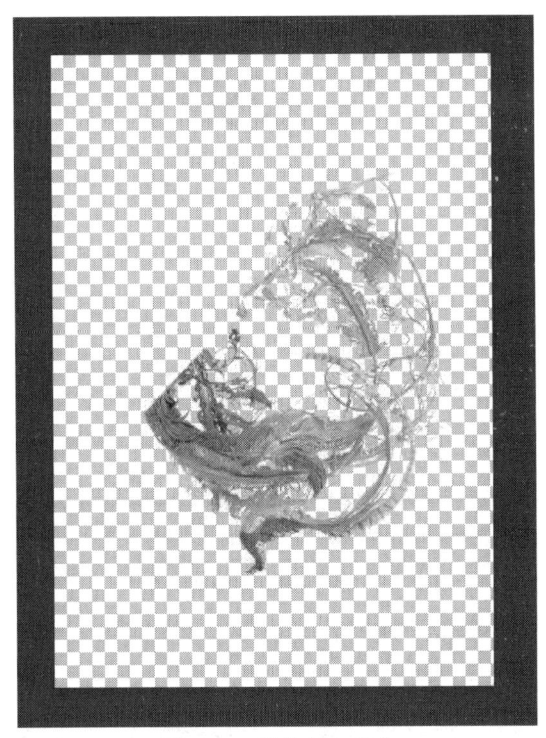

图 5-26　删掉多余部分

20. 使用橡皮擦工具擦除多余的部分，如图5-27所示。

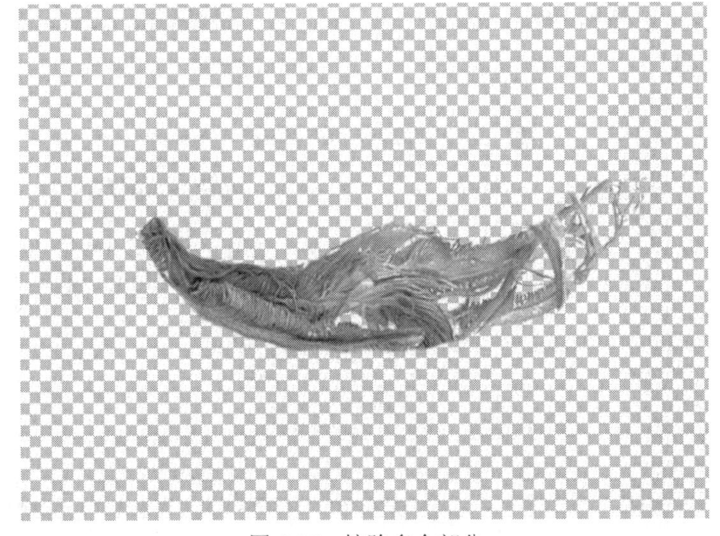

图 5-27　擦除多余部分

21. 使用移动工具将调整好的素材移动到“战狼”字体图层。对素材进行调整如图5-28所示。

图 5-28　移动图片

22. 在图层面板右击战狼图层选中栅格化文字。

23. 将字体栅格化后可对字体进行编辑。使用橡皮擦工具将字体多余的部分擦除，达到素材和字体融合的目的。

24. 对素材制作滴血字效果，将其他图层隐藏只留素材图层，然后执行“图层”→“图像旋转”→“90度（逆时针）命令，为图像下一步编辑做准备。如图5-29所示。

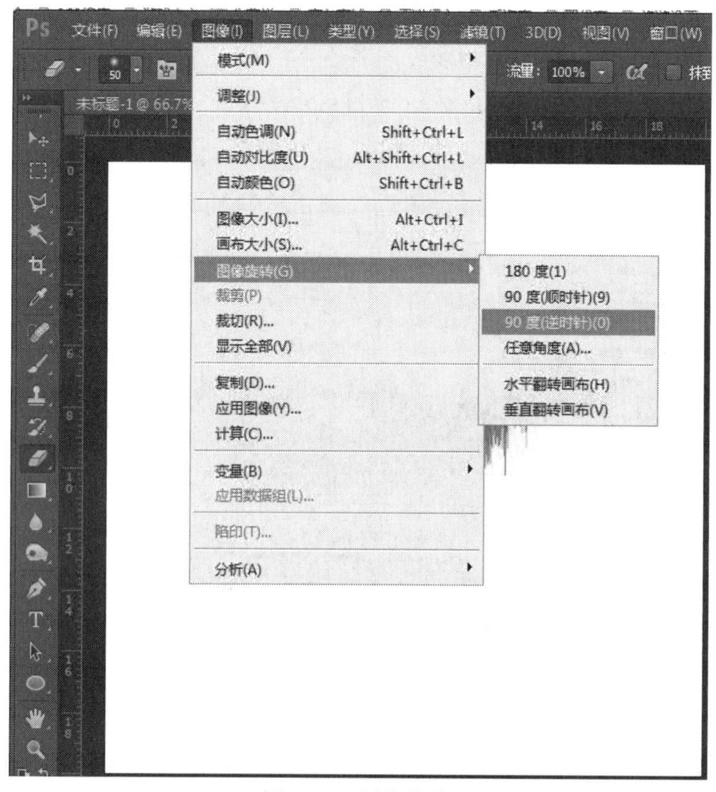

图 5-29　图像旋转

25. 使用滤镜效果，执行“滤镜” →“风格化” →“风”命令，对文字进行边缘处理。如果感觉效果不太好可以按快捷键“Ctrl+F”，重复滤镜效果。完成效果如图5-30所示。

图 5-30　风滤镜效果

知识链接

滤镜来源于摄影中的滤光镜，应用滤光镜的功能可以改进图像和产生特殊效果，滤镜用来实现图像的各种特殊效果。Photoshop所有的滤镜都放在滤镜菜单中，执行“滤镜”命令时，弹出快捷菜单，如果要使用某一滤镜，从滤镜菜单中选择相应的命令即可。

在这个案例中所讲到的风滤镜是通过在图像中增加一些细小的水平线产生起风的效果，该滤镜只能在水平方向及对图像边缘起作用。在其对话框中，可以设定3种起风的方式：风、大风、飓风，还可设定风向从左向右吹还是从右向左吹。

26. 接下来将图片摆正，执行“图层”→“图像旋转” →“90度（顺时针）”命令即可。

27. 然后将图像前景色和后景色变为红色，将整体颜色参数设置为如图5-31～图5-32所示。

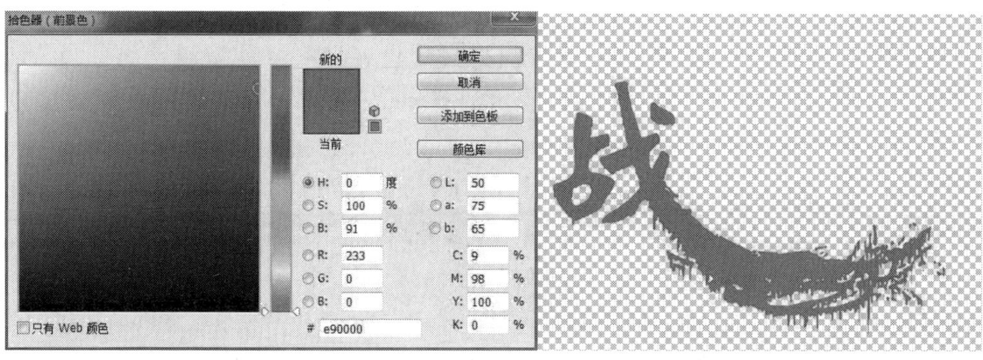

图 5-31　设置颜色参数　　　　图 5-32 “战”字效果

28. 将“狼”字缩小到“战”字上面将素材展示1添加进去，如图5-33所示。执行“色相/饱和度”命令，按快捷键Ctrl+U对素材进行调整，设置参数如图5-34所示，并且勾选右下角着色。

图 5-33 添加素材展示 1

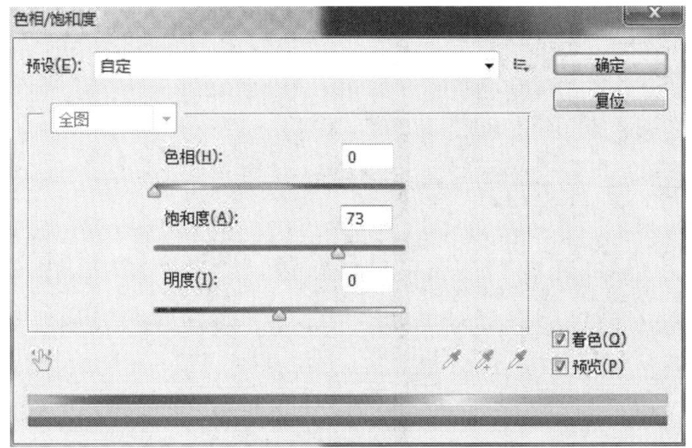

图 5-34 “色相 / 饱和度”对话框

29. 将“狼头”和“狼”字进行合成，得到效果如图5-35所示。

图 5-35 完成效果

30. 添加素材展示4。将素材展示4插入到图层并且对其执行“色相/饱和度”命令，按快捷键Ctrl+U调整参数。素材如图5-36所示。

图 5-36 添加素材展示 4

31. 将狼头素材图层隐藏并且将其他图层进行合并，双击图层面板打开图层样式，然后选择“斜面和浮雕”选项，并设置参数如图5-37所示。

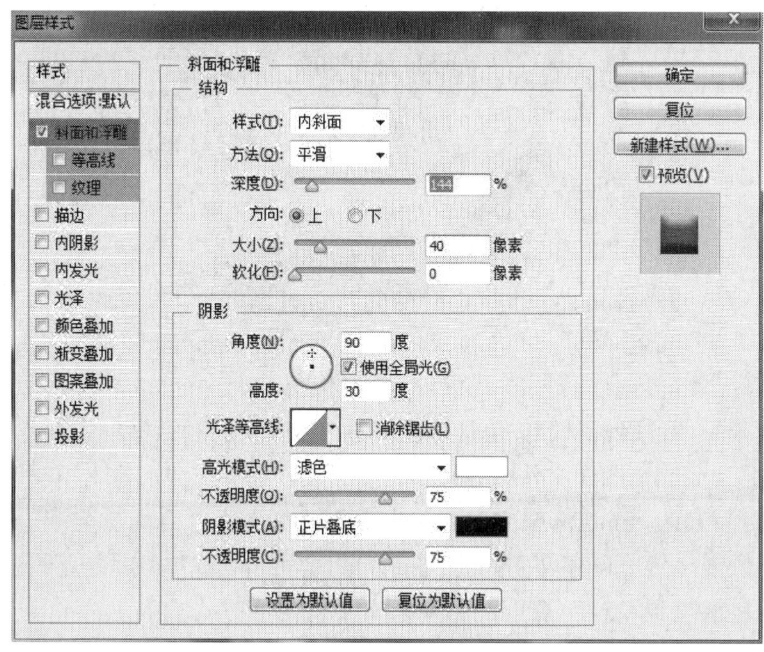

图 5-37 设置“斜面和浮雕”参数

32. 对字体加上一层黑色效果，让字体显得不再单调。

33. 新建图层，填充选区为黑色，对黑色图层增加斜面和浮雕效果，设置斜面和浮雕参数如图5-38所示，完成效果如图5-39所示。

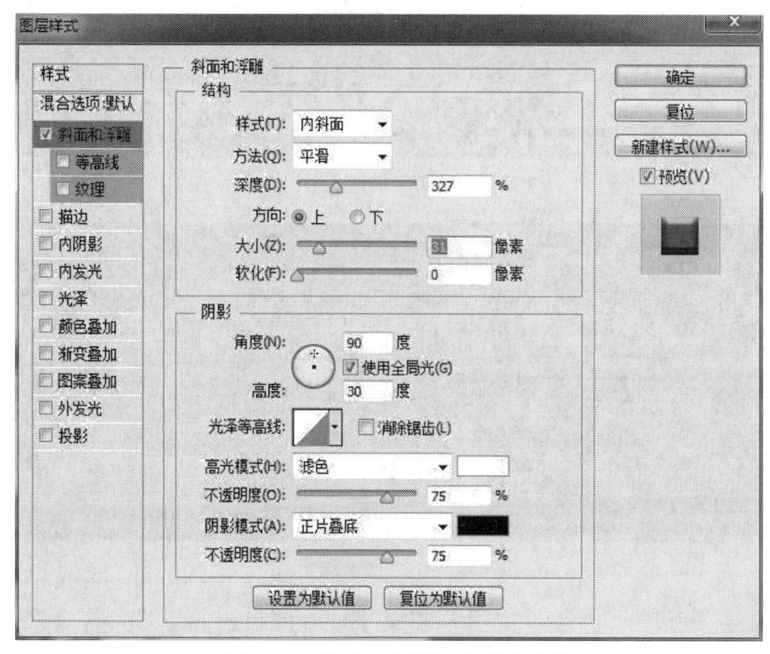

图 5-38 设置“斜面和浮雕”参数

图 5-39　完成效果

34.添加背景3、背景4素材。按快捷键Ctrl+O，在弹出的对话框中找到背景3、背景4素材，然后将其拖曳到当前图像文件中并调整位置大小，调整完成后进入下一步操作。

35. 使用文字工具，添加海报文案。首先输入演员名字“吴帆饰李锋”设置字体为宋体，大小为45像素，然后调整文字，将文字分成两段在“帆”字后方点一下按Enter键，将“吴帆”两字调整到“54”像素，将剩余文案以同样方式输入上去并调整大小。如图5-40～图5-41所示。

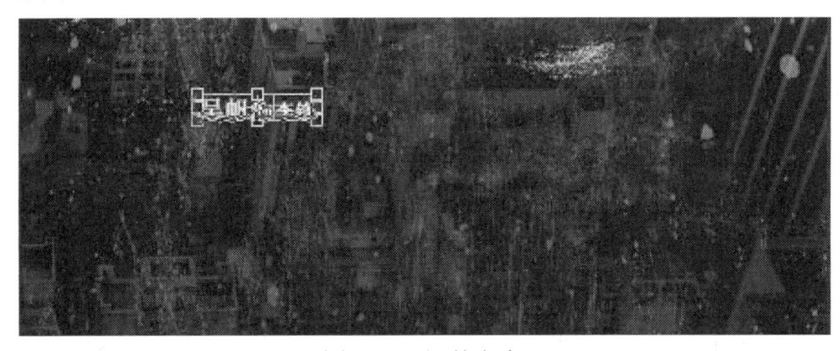

图 5-40　调整文字

图 5-41　完成效果

36. 使用文字工具输入“3D”文字，将文字放到演员表的下方，在文字工具选项栏中设置字体大小如图5-42所示。

图 5-42　文字工具选项栏

37. 使用文字工具输入“电影震撼来袭”将文字放到演员表上方，在文字工具选项栏中设置字体大小如图5-43所示。

图 5-43　文字工具选项栏

38. 将“3D”“电影震撼来袭”两个图层栅格化并且执行Ctrl+E命令合并。得到效果如图5-44所示。

图 5-44　完成效果

39. 右键图层单击混合模式选项如图5-45所示。勾选“斜面和浮雕”“渐变叠加”“投影”三个选项，并设置参数如图5-46～图5-48所示。

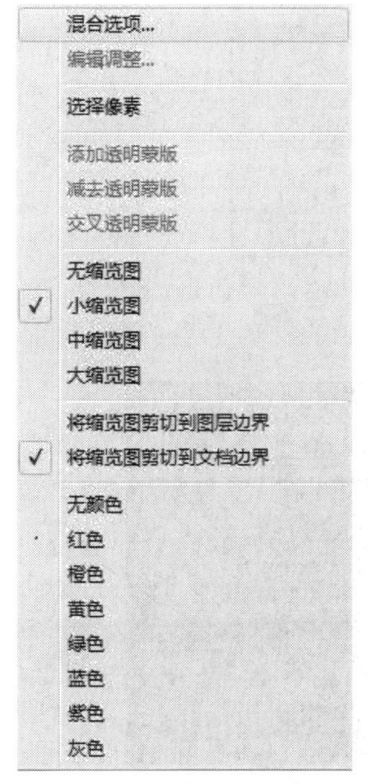

图 5-45　“混合选项”选项

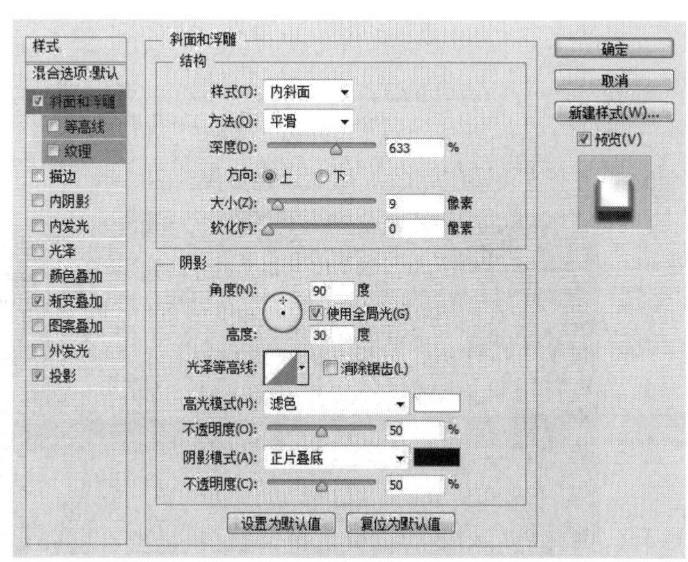

图 5-46　设置“斜面和浮雕”参数

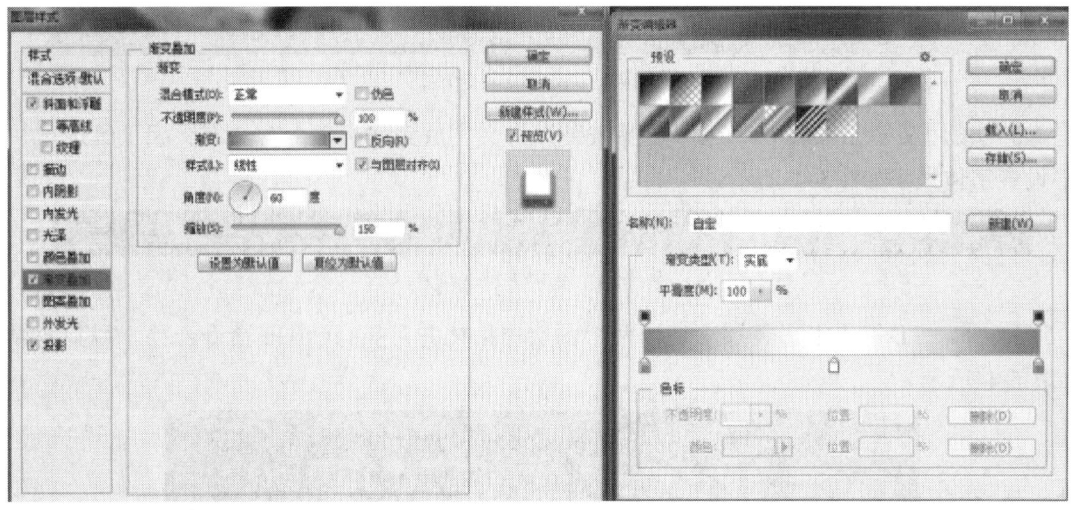

图 5-47 设置“渐变叠加”参数

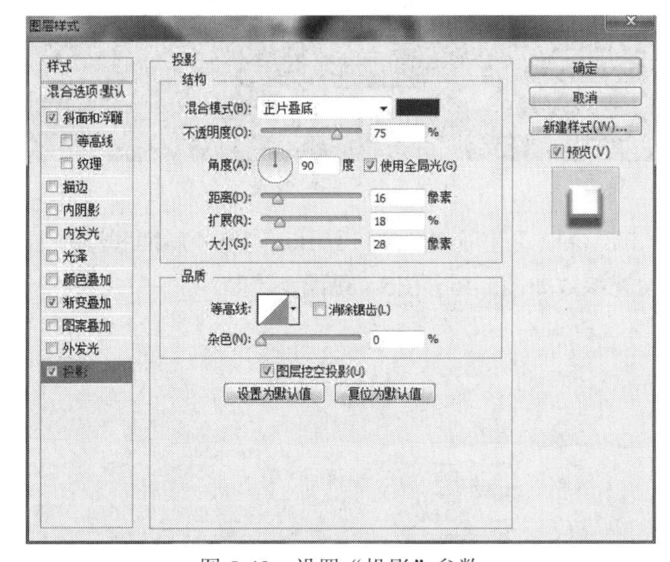

图 5-48 设置“投影”参数

40. 将以上效果调整完成后得到效果如图5-49所示。

图 5-49 文字效果

41. 输入文字“节日单天包间包场享半价优惠”，在文字工具选项栏中设置字体大小如图5-50所示。

图 5-50　文字工具选项栏

42. 在字符面板将字体间距调整到268点，此时整体效果就出来了。如图5-51～图5-52所示。

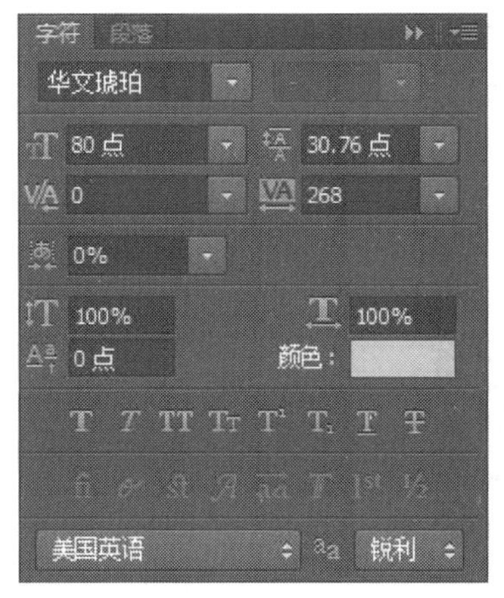

图 5-51　字符面板

图 5-52　整体效果

43. 输入文字“本片将在10月份上映”，在文字工具选项栏中，将字体设置为宋体，大小为58点，颜色为红色。在字符面板将字体加粗、倾斜，如图5-53～图5-55所示。

图 5-53　文字工具选项栏

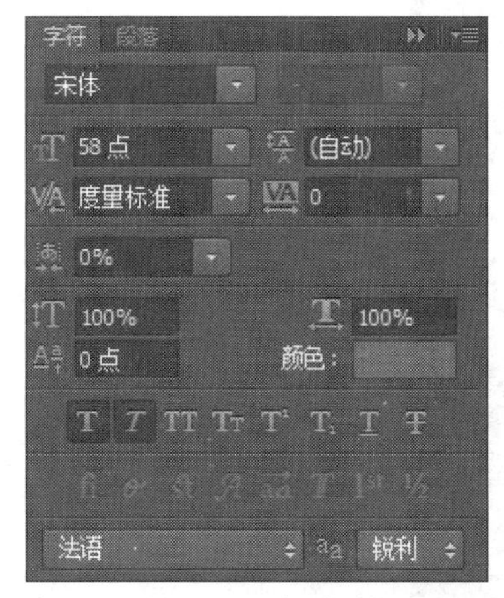

图 5-54　字符面板

图 5-55　文字效果

44. 输入文字“网站即将推出”，在文字工具选项栏中，将字体设置为宋体，大小为38点，如图5-56～图5-57所示。

图 5-56　文字工具选项栏

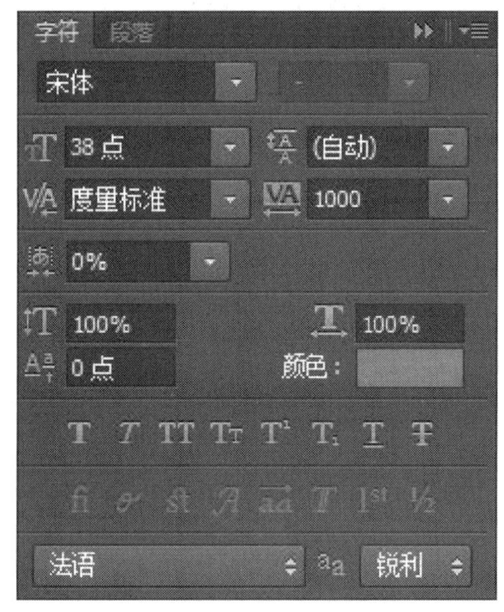

图 5-57　字符面板

45. 至此电影海报就完成了，最终效果如图5-58所示。

图 5-58　最终效果

项目导入

本项目应用了Photoshop CC设计制作一张以感恩父母为主题的海报。在设计制作海报时，我们精心挑选了大量的中国风素材，以突出感恩主题，弘扬孝亲敬老美德。

二、节日海报设计

效果欣赏

实现过程

1. 启动Photoshop CC，按快捷键Ctrl＋N，打开如图5-59所示的“新建”对话框，新建一个宽度为60厘米、高度为90厘米、分辨率为72像素/英寸、颜色模式为RGB颜色、背景内容为白色的图像文件，最后单击“确定”按钮。

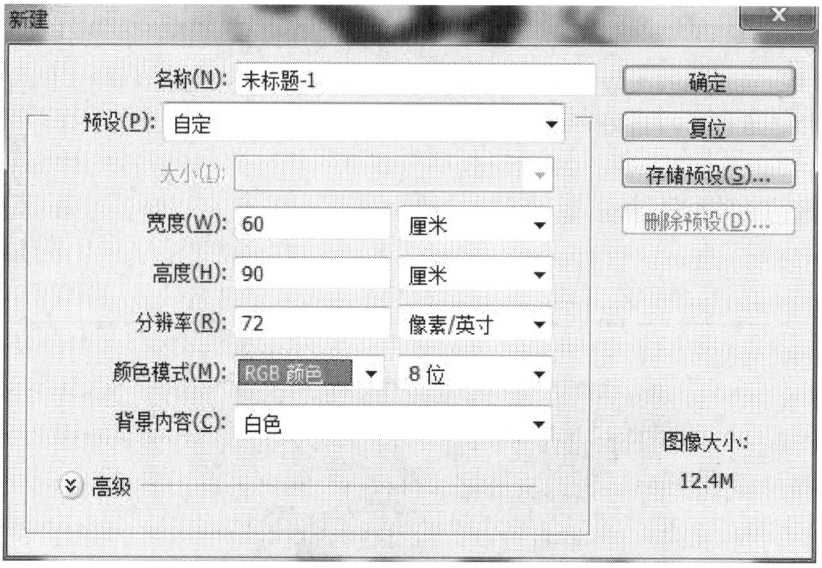

新建
名称(N): 未标题-1
确定
预设(P): 自定
复位
大小(I):
存储预设(S)...
宽度(W): 60 厘米
删除预设(D)...
高度(H): 90 厘米
分辨率(R): 72 像素/英寸
颜色模式(M): RGB 颜色 8 位
背景内容(C): 白色
图像大小:
12.4M
高级

图 5-59 “新建”对话框

2. 新建画布，宽度为60像素，高度为90像素，如图5-60所示。

图 5-60 新建画布

提示

海报的背景选择的是暖色调，主题文字为黑色，背景颜色较浅更容易突出主题，加上一些红色的辅助色让人看着很温暖。

3. 新建一个图层，将颜色设置为#f2f2f2，如图5-61所示。

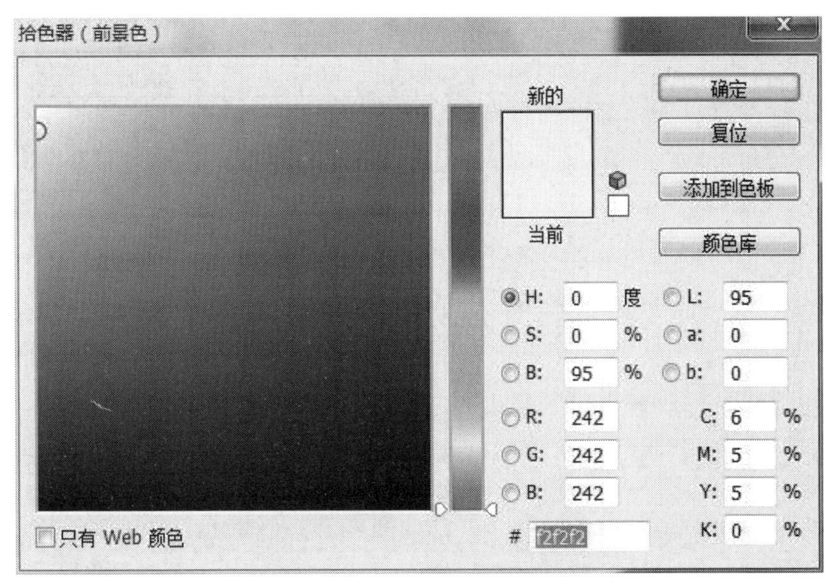

图 5-61　设置颜色参数

4. 将新建的图层填充为调好的颜色，按快捷键Alt+Delete，填充前景色将画布填充为浅黄色，如图5-62所示。

图 5-62　填充颜色为浅黄色

知识链接

快捷键Alt+Delete是填充前景色，快捷键Ctrl+Delete是填充背景色，X键为切换前后背景色。

5. 按快捷键Ctrl+O，在弹出的对话框中找到素材一，然后将素材一添加到图层，如图5-63～图5-64所示。

图 5-63　素材一

图 5-64　效果展示

6. 将素材添加到图层之后调整好素材的大小及位置，将素材添加蒙版图层将多余的部分去除。选中想要添加蒙版的图层点击图层下方的图层蒙版工具，为图层添加白色蒙版，如图5-65所示。

图 5-65　添加图层蒙版

知识链接

图层蒙版黑色为隐藏，白色为显示，灰色为半透明，将画笔调成黑色，将想要隐藏的部分用黑色画笔在图层蒙版上涂出来就会隐藏，如图5-66所示。

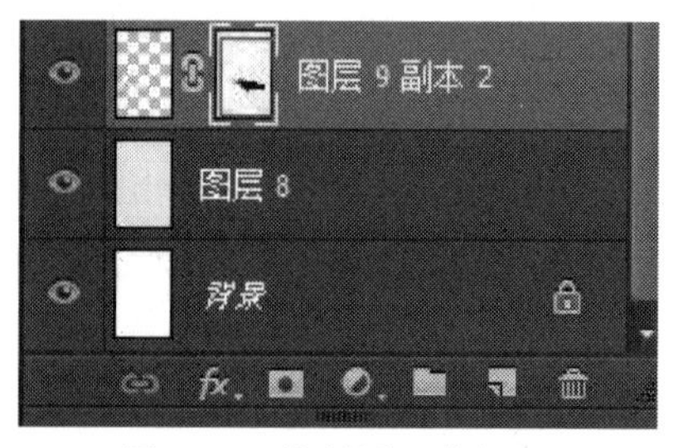

图 5-66　绘制图层蒙版

7. 将剩余的素材添加到图层，对其进行图层蒙版，将不合适的部分用黑色画笔在蒙版上涂出来隐藏掉，将素材二添加到图层，如图5-67～图5-68所示。

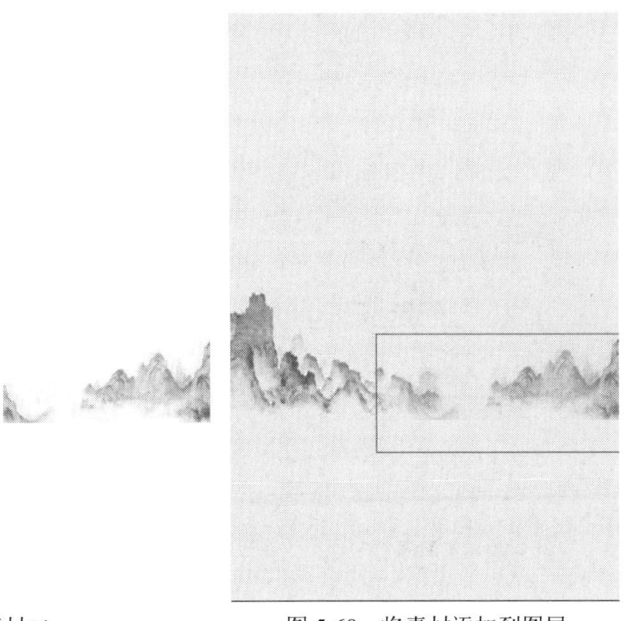

图 5-67　素材二　　图 5-68　将素材添加到图层

8. 同上一步，为将素材添加图层蒙版，将多余的部分用黑色画笔在蒙版涂掉，来达到想要的效果，将素材三添加到图层，步骤同上。完成效果如图5-69所示。

图 5-69　完成效果

9. 按快捷键Ctrl+O，在弹出的对话框中找到云海素材，然后将其拖曳到当前图像文件中，并按快捷键Ctrl+T对其进行自由变换调整，如图5-70所示，完成效果如图5-71所示。

图 5-70　云海素材

图 5-71　完成效果

提示

海报背景制作完成之后，接下来就是对一些海报装饰素材的制作，一张具有中国风的海报，在这里选淡雅的梅花。素材的布局非常重要，素材再好看，没有好的布局没有放到合适的位置也不会有太大的作用，也许还会因此影响到整张海报的美观。

10. 按快捷键Ctrl+O，在弹出的对话框中找到梅花与鸟素材（如图5-72所示），然后将梅花与鸟素材添加到图层，并且对其进行调整如图5-73所示，完成效果如图5-74所示。

图 5-72　梅花与鸟素材

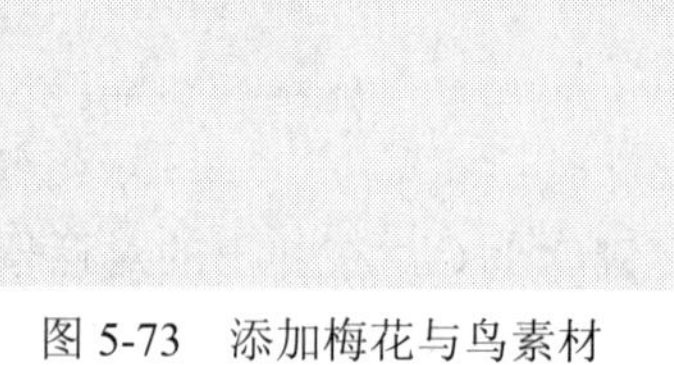

图 5-73　添加梅花与鸟素材

图 5-74　完成效果

11. 添加梅花素材，执行上面步骤，将梅花素材添加到图层并将其调整到合适位置，如图5-75所示。

图 5-75　添加梅花素材

12. 同上面步骤，添加牵手素材到图层并调整位置大小，然后进行自由变换调整至合适大小，如图5-76～图5-77所示。将素材调整到合适大小后将其移动到合适位置，如图5-78～图5-79所示。

图 5-76　牵手素材

图 5-77　自由变换调整大小

图 5-78　将素材调整合适大小

图 5-79　移动到合适位置

提示

海报采用的是上文下图的排版方式，所以素材在下方。

13. 在海报的四周添加黑色线条，让海报更有画面立体感。新建图层，按快捷键Ctrl+Shift+Alt+N，如图5-80所示，使用矩形工具绘制一个合适大小的矩形方块，然后再进行描边，设置描边参数如图5-81所示。

图 5-80　新建图层

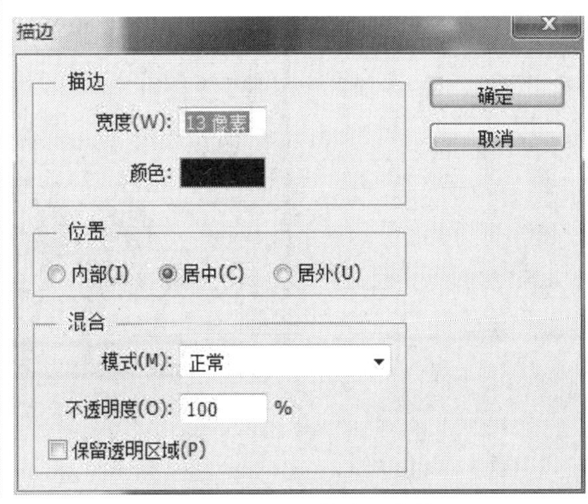

图 5-81　设置“描边”参数

14. 描边效果如图5-82所示。描边完成之后会发现描边有的部分将梅花素材给覆盖下去了，这里就需要我们进行修改了，选中描边图层，使用矩形选框工具将多余的部分选中出来，如图5-83所示。

图 5-82　描边完成效果

图 5-83　选中多余部分

15. 将多余的部分按Delete键删除，如图5-84所示。

图 5-84　删除多余部分

提示：

这里要删掉的时候不要选错图层，选错图层将会错删别的图层内容，如果错删后可以按快捷键Ctrl+Alt+Z撤回上一步。

16. 按快捷键Ctrl+O，在弹出的对话框中找到仙鹤素材，然后将其拖曳到当前图像文件中并调整位置大小，如图5-85所示。将素材调整到合适大小并移动到合适位置，完成效果如图5-86所示。

图 5-85　拖动素材到图层

图 5-86　完成效果

17. 所有素材都完成排版之后接下来就是对文字的制作了，这里使用的字体比较像毛笔字，和背景相搭配，使用文字工具输入“山”，如图5-87所示。选择电影海报字体如图5-88所示，将字体放大到合适大小，如图5-89所示。

图 5-87　制作文字

图 5-88　将文字放大

图 5-89　选择字体

18. 将“山”字转换为形状。选择“类型”→“转换为形状”选项，如图5-90所示。使用路径选择工具将转换为形状的文字进行编辑，将山字想象成肩膀的样子，将文字向两端放大，完成效果如图5-91所示。

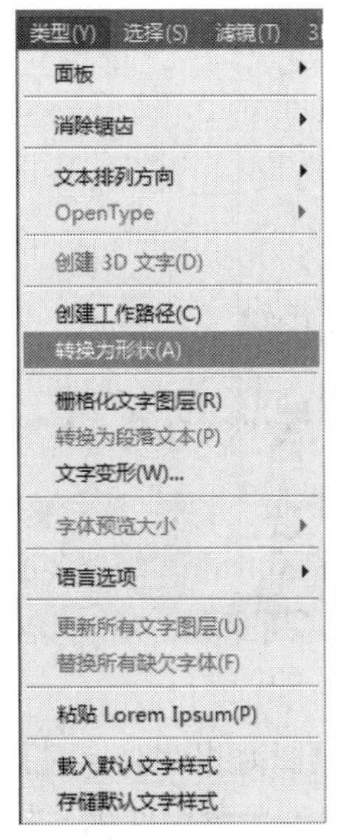

图 5-90　“转换为形状”选项

图 5-91　完成效果

19. 编辑其他文字，将“父”字同上一步使用文字工具编辑出来，将“父”字和“山”字使用共用笔画进行设计，如图5-92所示。

图 5-92　共用笔画

20. 同上一步骤，将“如”字编辑出来，使用自由变换将文字缩放到合适大小，并且将其放到合适位置，整体文字要组成一座山的设计，如图5-93所示。

图 5-93　文字编辑

21. 使用文字工具将“爱”字编辑出来，并且选择电影海报字体，使用自由变换将文字缩放到合适大小，将文字放到“山”字的上方，并且更改颜色为红色，如图5-94所示。

图 5-94　文字编辑

22. 编辑文字“感恩”设置字体为禹卫书法行，大小为225点，如图5-95所示。

图 5-95　文字工具选项栏

23. 在文字工具选项栏中，如图5-96所示，将文字按照图5-97进行调整，设计“感恩”两字形成一种斜坡的感觉，让整体文字更符合背景。完成效果如图5-98所示。

图 5-96　文字工具选项栏

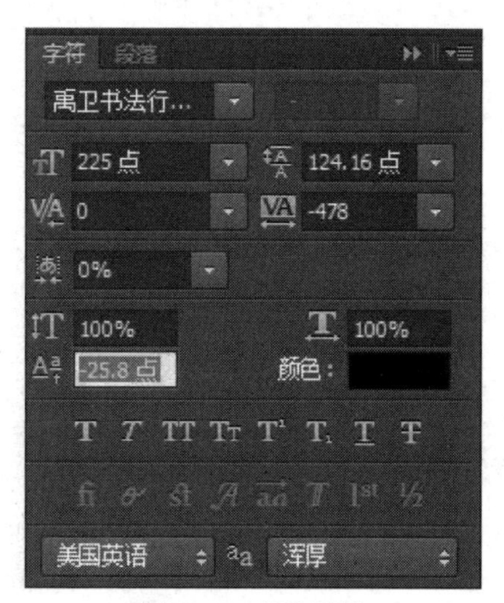

图 5-97　字符面板

图 5-98　完成效果

24. 同上一步骤，使用直排文字工具将“父母”两字编辑出来，并且将两字的上下距离调整到合适距离，文字为电影海报字体，颜色为红色，如图5-99所示。

图 5-99　文字工具选项栏

25. 文字设计整体效果如图5-100所示。

图 5-100　文字排版整体效果

26. 接下来就是对素材进行设计，首先找到我们需要的素材，添加素材，并将该素材移动到图层，按快捷键Ctrl+T将素材缩放到合适位置，如图5-101所示。

图 5-101　添加文字素材

27. 添加云朵1素材。按快捷键Ctrl+O，在弹出的对话框中找到云朵1素材，然后将其拖曳到当前图像文件中，如图5-102所示。按快捷键Ctrl+T将素材缩放到合适位置，并将其移动到“爱”字的左边作为装饰素材，整体效果如图5-103所示。

图 5-102　添加云朵 1 素材

图 5-103　整体效果

28. 同上一步骤，将云朵2素材添加到图层并完成大小及位置的调整，如图5-104所示。

图 5-104　添加云朵 2 素材

29. 绘制印章形状。使用多边形套索工具，绘制一个印章形状，如图5-105所示，设置填充色为#992c2d，如图5-106所示。

图 5-105　绘制印章形状

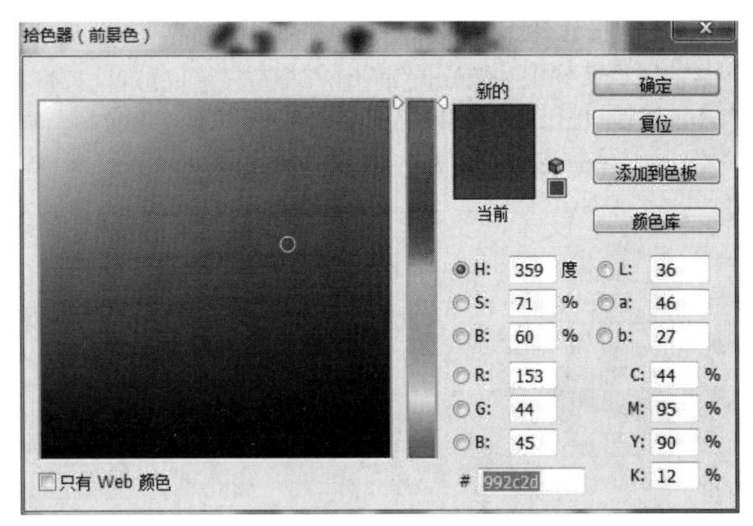

图 5-106　填充颜色

30. 使用直排文字工具添加文字“亲情”将字体设置为华文行楷，大小为65点，颜色为白色。如图5-107所示。

图 5-107　文字工具选项栏

31. 将“亲情”两字放到上一图形的上方让其成为一个印章的样式，完成效果如图5-108所示。

图 5-108　完成效果

32. 添加水泥墙效果素材。按快捷键Ctrl+O，在弹出的对话框中找到水泥墙效果素材，然后将其拖曳到当前图像文件中并按快捷键Ctrl+T将素材缩放到合适位置，如图5-109~图5-110所示。选中素材图层将图层复制两层，并将其分别置于文字上面，如图5-111所示。

图 5-109　添加水泥墙效果素材

图 5-110　将素材调整至合适位置

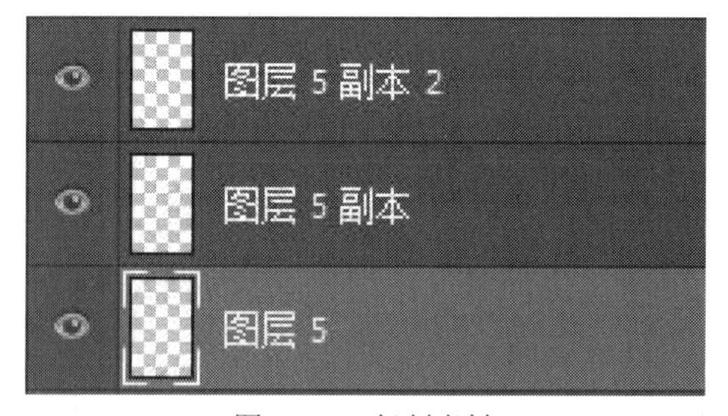

图 5-111　复制素材

33. 添加蝴蝶素材，按快捷键Ctrl+O，在弹出的对话框中找到蝴蝶素材，然后将其拖曳到当前图像文件中并按快捷键Ctrl+T将素材缩放到合适位置，如图5-112所示。将蝴蝶素材复制一个，选中蝴蝶素材图层，按快捷键Ctrl+J复制图层将蝴蝶素材复制一层，并将其放到合适位置，完成效果如图5-113所示。

图 5-112　添加蝴蝶素材

图 5-113　完成效果

34．绘制圆形，按快捷键Ctrl+Shift+Alt+N新建一个空白图层，选中矩形选框工具中的椭圆选框工具，按住Shift键绘制一个圆形，如图5-114所示。然后进行描边，设置描边宽度为13像素，颜色为黑色。如图5-115所示。

图 5-114　绘制圆形

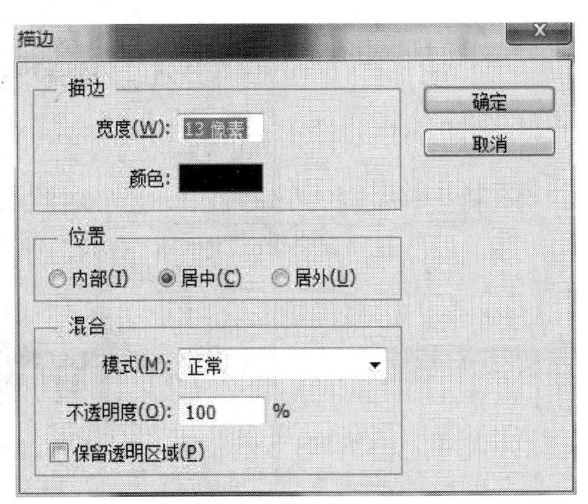

图 5-115　设置描边参数

35. 描边效果如图5-116所示，在这里，我们需要修饰一下黑色圆形，删除覆盖字的部分。首先选中圆形图层，然后选择矩形选框工具将多余的部分选择出来，按Delete键删除。如图5-117所示。

图 5-116　描边效果

图 5-117　删除多余部分

36. 到这里这张海报就制作完成了，最终效果如图5-118所示。

图 5-118　最终效果

项目小结

本项目主要讲述了如何设计制作海报。在项目实施过程中，结合实际案例，来加深读者对海报的认识，通过电影海报和节日海报的学习，结合Photoshop软件，运用所学知识，能在具体实践中设计制作海报。

图书封面设计

项目目标

通过本项目的学习，以设计制作图书封面来掌握知识点，熟练掌握Photoshop文件的新建、打开、保存、出血设置等操作方法；掌握矩形工具、文本工具和形状工具的使用；熟悉填充色的设置方法及剪贴蒙版的使用技巧与文本的编辑等操作方法；掌握旅游书籍封面的制作方法；掌握图书封面文本的修饰方法；初步掌握图片的插入及图像处理方法，等等。

技能要点

◎ 掌握图书封面出血设置的操作方法

◎ 掌握旅游书籍封面的制作方法

◎ 掌握图书封面文本的修饰方法

◎ 初步掌握图片的插入及图像处理方法

项目导入

本项目应用了Photoshop CC设计制作以自助游为主题的图书封面。为更好地反映出图书的主题，在设计上运用对称的排版方式，画面采用精美的风景名胜作为封面背景；在色彩上以蓝色为主色调，强调了一种与大自然亲近的情感；封面与封底图文呼应，能很好地抓住读者的目光，达到传递图书信息，拉近消费者距离的作用。

《畅游神州》图书封面设计

效果欣赏

实现过程

1. 启动Photoshop CC，按快捷键Ctrl＋N，打开如图6-1所示的“新建”对话框，新建一个宽度为38.8厘米、高度为26.6厘米、分辨率为300像素/英寸、颜色模式为RGB颜色、背景内容为白色的图像文件，最后单击“确定”按钮。

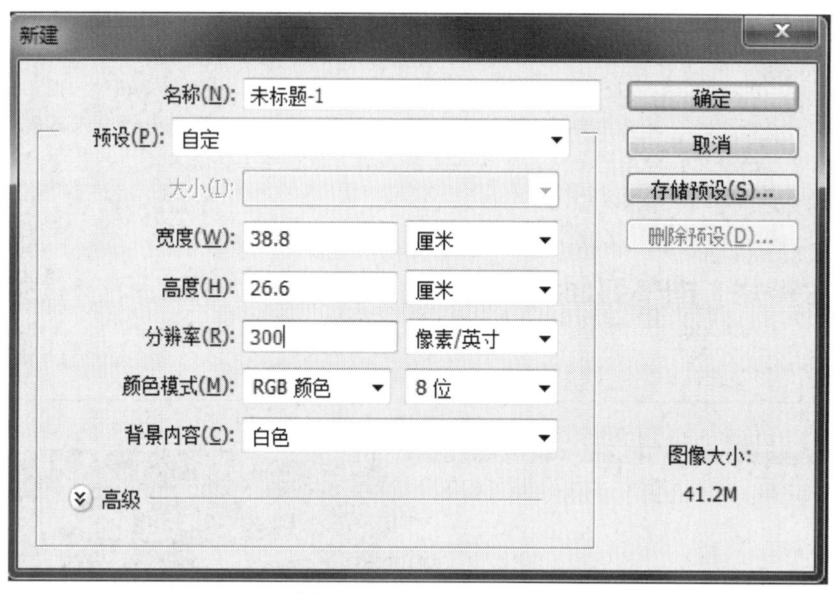

图 6-1 “新建”对话框

2. 执行“视图”→“标尺”命令或按快捷键Ctrl+R以显示出标尺。

3. 在垂直标尺上分别拖出两条参考线，并分别置于185毫米和197毫米的位置上，如图6-2所示。

图 6-2 添加参考线

4. 制作封面。首先绘制图形，按快捷键F6显示颜色面板，在此面板中双击名称为“蓝色”的颜色，在弹出的对话框中按照图6-3进行参数设置，单击“确定”按钮即可。

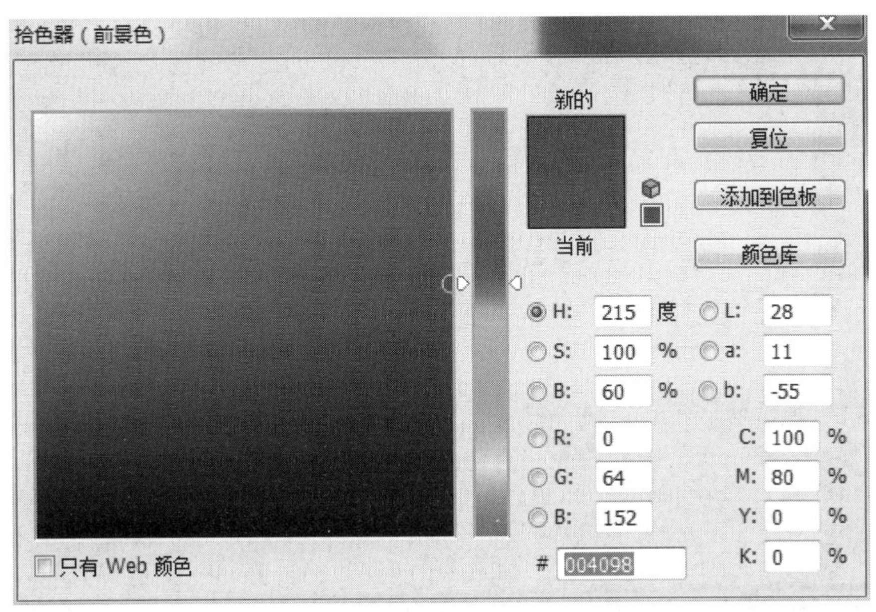

图 6-3 “拾色器（前景色）”对话框

5. 使用矩形工具，在颜色面板中设置填充颜色为“蓝色”，边框颜色为无，在右侧上半部分位置上绘制一个大的蓝色矩形，其中多余部分为出血，如图6-4所示。

图 6-4 绘制蓝色矩形

6. 按照上一步的方法，在右侧底部及左侧底部分别绘制蓝色矩形，得到效果如图6-5所示。

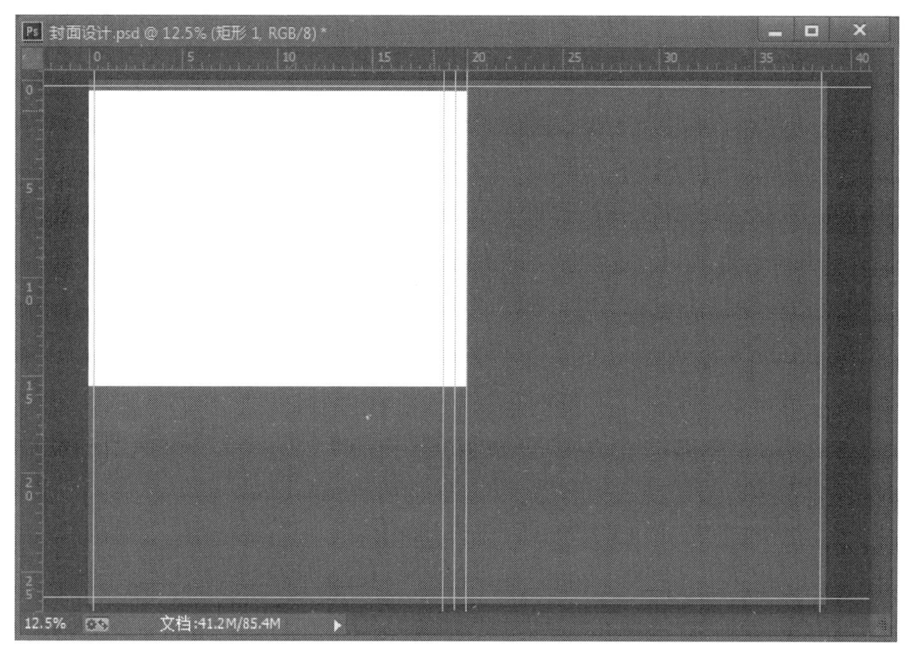

图 6-5　绘制其他矩形

7. 接下来在右侧顶部中间的位置绘制图形，为了能够绘制准确，我们将在右侧框添加两条垂直辅助线。在显示标尺的情况下，分别在垂直标尺上拖动两条辅助线置于右框中，并使两条辅助线之间的区域位于中间处，如图6-6所示。

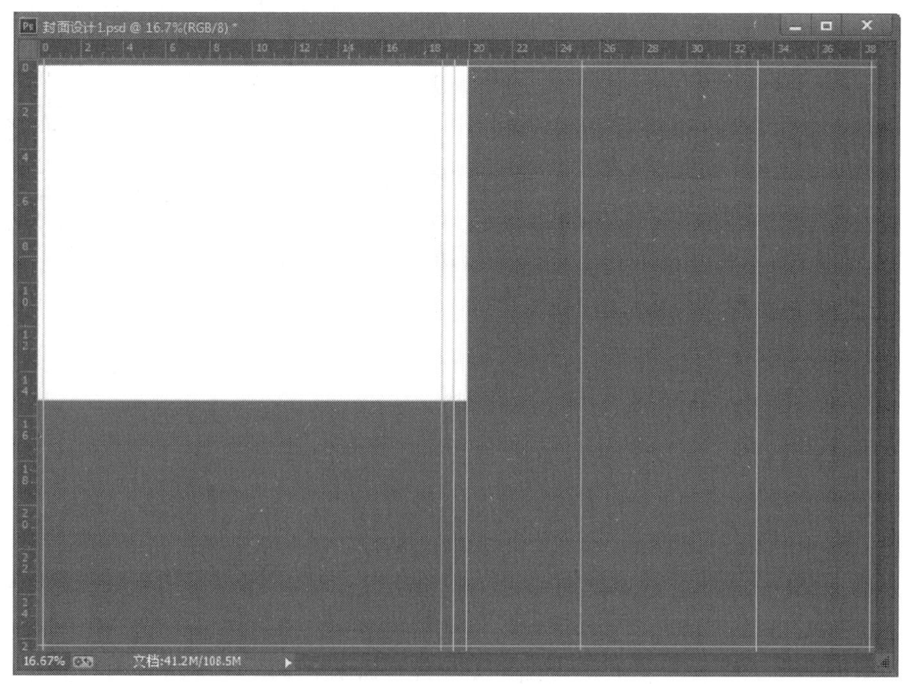

图 6-6　添加参考线

8. 设置填充色为白色，边框颜色为无，宽度为2pt。

9. 使用矩形工具，在上一步添加参考线的内部顶端，绘制白色矩形框（该矩形框的顶部线条，由于与背景中的白色重合，所以看不出来）。如图6-7所示。

图 6-7　绘制白色矩形框

10. 设置填充色为无，边框颜色为无，再次使用矩形工具，在上一步绘制的矩形框底部绘制一个宽度与之相同的矩形条，如图6-8所示。

图 6-8　绘制矩形条

提示：

置入图像的操作方法，同时也了解到Photoshop支持很多种图像格式。这些图像格式中几乎所有的位图图像（例如JPG、TIFF格式等）都是方形实底的，在置入图像时，将正封中已有的两条垂直参考线作3等分线，然后在其中分别置入一幅图像。

11. 置入素材一。按快捷键Ctrl+O，在弹出的对话框中找到素材一并置入框中，然后使用移动工具将图像选中并缩小，置于右框左下角，如图6-9所示。

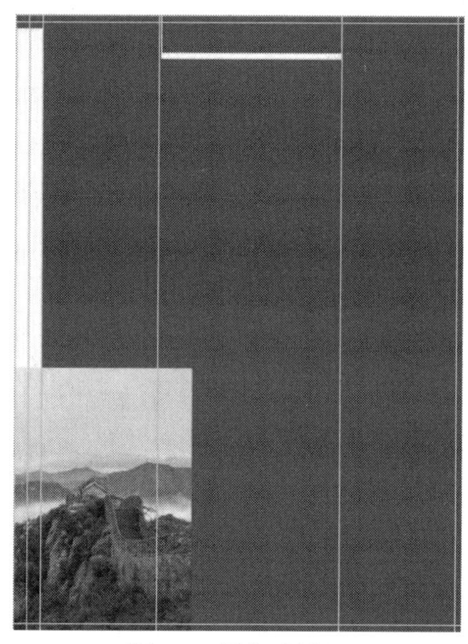

图 6-9　置入素材一

12. 使用裁切工具选中上一步置入的图像，从图像的右侧将其裁切为与最左侧一块区域的宽度相同，如图6-10所示。

图 6-10　裁切素材一

13. 将裁切工具置于上一步裁切图像的内部，按住鼠标左键以移动显示出的图像，直至满意为止，如图6-11所示。

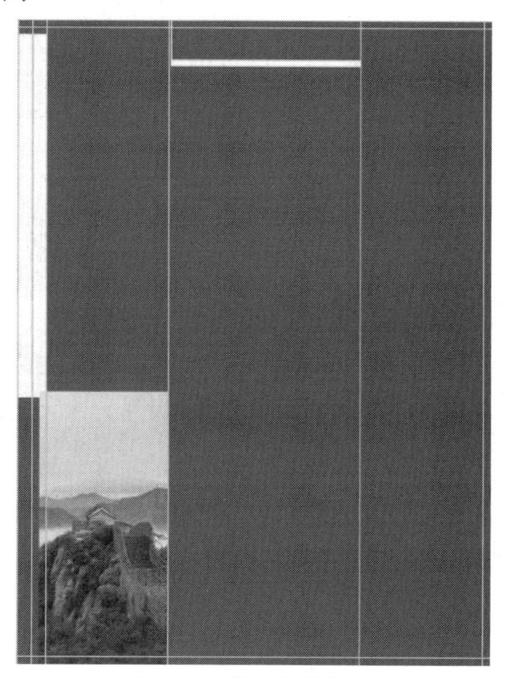

图 6-11　移动图像位置

14. 按照上面的操作方法分别置入素材二和素材三，并对其进行缩放和裁切操作，直至制作得到效果如图6-12所示；封面的整体效果如图6-13所示。

图 6-12　置入素材二和素材三

图 6-13　封面整体效果

15. 按快捷键Ctrl+O，在弹出的对话框中找到风车素材，如图6-14所示。

图 6-14　风车素材

16. 选择钢笔工具并设置其工具选项栏如图6-15所示。沿图像的轮廓绘制路径。

路径　建立：选区…　蒙版　形状　自动添加/删除　对齐边缘

图 6-15　钢笔工具选项栏

17. 当绘制路径完毕后，执行“窗口”→“路径”命令，调出路径面板，此时该面板中将存在一个“工作路径”，如图6-16所示。

图 6-16　工作路径

18. 在路径面板中双击“工作路径”，默认情况下弹出如图6-17所示的对话框。

图 6-17　“存储路径”对话框

19. 单击“确定”按钮退出对话框，从而将“工作路径”保存为“路径 1”，如图6-18所示。

图 6-18　路径 1

20. 单击路径面板右上角的三角按钮，如图6-19所示，在展开的菜单中选择“剪贴路径”选项，默认情况下弹出如图6-20所示的对话框。

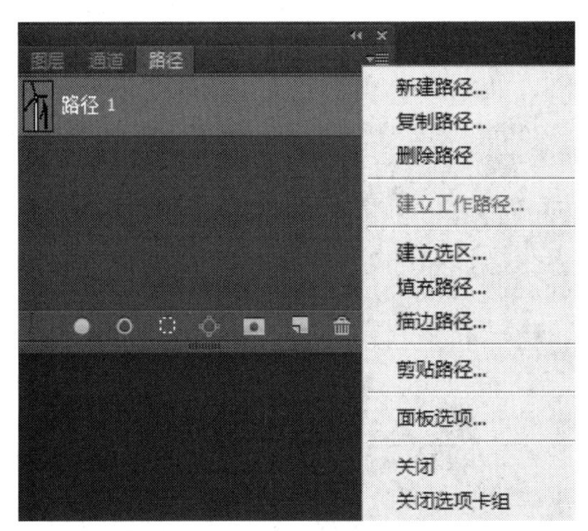

图 6-19 选择“剪贴路径”选项

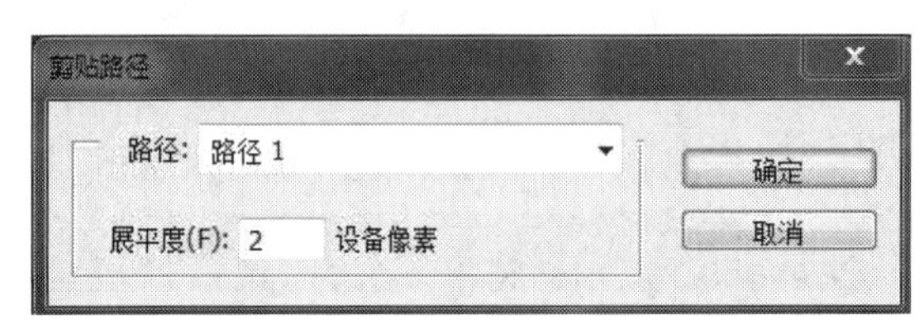

图 6-20 “剪贴路径”对话框

21. 执行 “文件”→“存储为”命令，或按快捷键Ctrl+Shift+S，在弹出的对话框中选择文件保存的位置（最好与文件“封面设计.PSD”在同一位置中），并设置文件保存的格式为PSD格式，如图6-21所示。

图 6-21 “存储为”对话框

22. 单击“保存”按钮即可。

23. 然后将风车素材置入框中，使用移动工具选中风车，按住Shift键缩小图像并置于封面的右上角处，如图6-22所示。

图 6-22　置入风车素材

24. 使用自由变换，选中风车，然后将其逆时针旋转-5度左右，得到如图6-23所示的略倾斜的效果。

图 6-23　旋转图像

25. 使用移动工具选中置入的风车。

26. 执行“图层”→“排列”→“后移一层”命令，或按快捷键Ctrl+[，如图6-24所示。

置为顶层(F) Shift+Ctrl+]
前移一层(W) Ctrl+]
后移一层(K) Ctrl+[
置为底层(B) Shift+Ctrl+[
反向(R)

图 6-24 “后移一层”命令

知识链接

Photoshop与其他软件一样，依据绘图的顺序来确定图形的顺序，先画的图形在底层，后画的图形在顶层，后画的图形总是将先画的图形遮盖起来。执行“图层”→“排列”命令子菜单下的各个命令，可以改变图形的层次顺序。详细说明如下：

执行“图层”→“排列”→“置为顶层”命令，移动选定对象到其他重叠对象的最前面。

执行“图层”→“排列”→“前移一层”命令，将选定对象在重叠对象中向上移动一层。

执行“图层”→“排列”→“后移一层”命令，移动选定对象到其他重叠对象的最后面。

执行“图层”→“排列”→“置为底层”命令，将选定对象在重叠对象中向下移动一层。

27. 重复上一步的操作多次，直至将风车置于三张图像下方。如图6-25所示为调整风车图像顺序前后的对比。

（a） （b）

图 6-25 调整图像顺序前后的对比

提示

根据对“图层”→“排列”子菜单中命令的讲解，我们也可以选中与风车图像相交的风景图像，然后执行“图层”→“排列”→“置为顶层”命令，或按快捷键Shift+Ctrl+]。

28. 输入图书信息。使用横排文字工具，在其工具选项栏中进行参数设置如图6-26所示。

图 6-26　文字工具选项栏

29. 设置填充色为黄色，边框色为无，使用横排文字工具，拖动并输入一个文字“畅”，然后使用移动工具将其置于框中左上方，如图6-27所示。

图 6-27　输入文字“畅”

30. 按照上面的方法，再分别输入文字“游”和“神州”，并按照图6-28调整位置和大小。

图 6-28　输入文字“游”和“神州”

提示

为避免读者出现缺少字体的情况，所有输入的文字都采用了系统自带的字体，但在实际工作过程中，需要对文字使用专业的印刷字库。

31. 设置填充色为蓝色，边框色为无，使用横排文字工具并设置字体大小，然后输入文字即可，如图6-29所示。

图 6-29　输入作者

32. 使用矩形工具，设置填充色为无，边框色为红色，设置描边为2pt，在封面底部绘制一个矩形，如图6-30所示。

图 6-30　绘制矩形

33. 设置填充色为黑色，边框色为无，使用横排文字工具在上一步绘制的矩形中间输入出版社名称，如图6-31所示。

图 6-31　输入出版社名称

34. 再次设置填充色为白色，使用横排文字工具在封面顶部中间的矩形框内输入图书信息，如图6-32所示。

图 6-32　输入图书信息

35. 在书脊上输入文字。在没有选择任何对象的情况下，执行“编辑”→“直排”命令，从而将当前的横排文字工具转换为直排文字工具。

36. 设置填充色为黑色，边框色为无，使用直排文字工具在书脊上拖动并输入书名“畅游神州”，如图6-33所示。

图 6-33　在书脊上输入书名

37. 按照上一步的操作方法，在书脊上的书名下方，输入宣传信息，如图6-34所示。

图 6-34　书脊信息

38. 设置填充色为无，边框色为无，使用直排文字工具在书脊的底部输入出版社名称如图6-35所示，此时封面与书脊的整体效果如图6-36所示。

图 6-35　输入出版社名称

图 6-36　整体效果

知识链接

使用剪贴蒙版制作圆形图像。遮色是Photoshop提供的一种屏蔽对象某一部分的方法，其工作原理就是利用Photoshop提供的绘图功能来绘制图形，执行“图层”→“创建剪贴蒙版”命令将图形与图像结合后，利用该图形的轮廓来限制图像显示的范围。

39. 置入北国石海素材并调整位置。按快捷键Ctrl+O，在弹出的对话框中找到北国石海素材并置入框中，然后使用移动工具按住Shift键缩小图像，并将其置于封面的中间位置，如图6-37所示。

图 6-37 置入北国石海素材

40. 设置填充色为无，边框色为白色，使用椭圆工具按住Shift键在上一步置入的图像上绘制一个正圆形，如图6-38所示。

图 6-38 绘制正圆形

41. 使用移动工具将置入的图像及正圆形选中，执行“图层”→“剪贴蒙版”命令，或按快捷键Ctrl+Alt+G，得到效果如图6-39所示。

图 6-39　剪贴蒙版

42. 为避免不小心移动遮色对象中的图像，在执行“剪贴蒙版”命令后可以按快捷键Ctrl+Alt+G进行“链接”操作，如图6-40所示为链接对象后的状态。

图 6-40　链接对象

43. 使用移动工具选中上一步组成群组的遮色对象，并移至封面中间蓝色图形与图像相交的位置，如图6-41所示。

图 6-41　移动位置

44. 按照上面制作剪贴蒙版图像的操作方法，分别置入如图6-42所示的素材，并分别为素材制作遮色效果，如图6-43所示，此时封面的整体效果如图6-44所示。

图 6-42　素材展示

图 6-43　剪贴蒙版效果

图 6-44　封面整体效果

知识链接

旋转文本块。使用自由变换按快捷键Ctrl+T，除了可以对图形图像等对象进行旋转外，也可以对文本块进行同样的操作。

45. 设置填充色为白色，使用横排文字工具并设置字体大小，分别在封面中间的4个圆形图像上输入相应的文字，得到效果如图6-45所示。

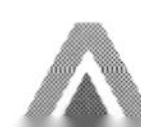

图 6-45　输入文字

46. 单击左侧第一个文本块，并将光标置于如图6-46所示的位置，此时光标变为旋转状态，然后使用自由变换（按快捷键Ctrl+T）对其进行旋转。

图 6-46　自由变换

47. 按住鼠标左键并按住Shift键，逆时针拖动图像进行旋转，如图6-47所示。

图 6-47　旋转文字

48. 确认得到满意的旋转角度后，释放鼠标左键，如图6-48所示为将文本块旋转了45度后的效果。

图 6-48 旋转文字后的效果

提示

在对文本进行旋转的同时按住Shift键，可使文本块旋转90度、45度。文本块在选中的状态下，在“旋转”中输入角度数值，这时选中的文本是以自身的中心点为旋转中心点进行精确的旋转。

49. 按照上面旋转文字块的操作方法，对其他3个文本块进行相同的旋转操作，并摆放至适当的位置，直至得到如图6-49所示的效果。

图 6-49 完成效果

50. 使用移动工具拖动一个虚线框将封面中间的4个圆形图像及对应的文字选中，然后按快捷键Ctrl+Alt+Shift向左拖动将所有选中的对象复制，将其置于封底的中间，如图6-50所示。

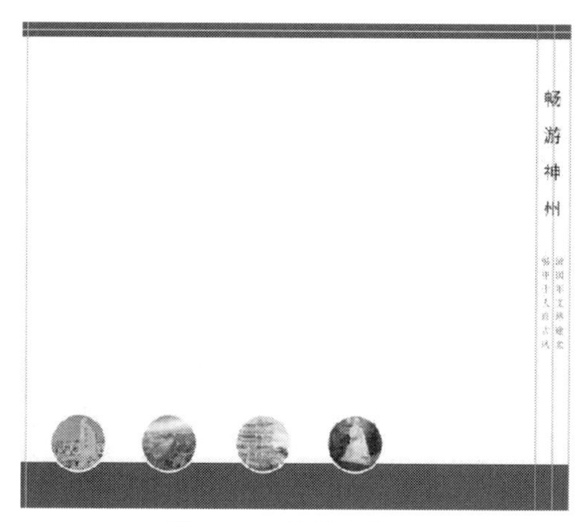

图 6-50　复制对象

提示

由于正封中的文字为白色，所以在封底中无法显示出来，需要将其重新设置。

51. 使用横排文字工具在各个文本块中单击，然后按快捷键Ctrl+A，然后在颜色面板中设置文字颜色为黑色，得到如图6-51所示的效果；此时封底的整体效果如图6-52所示。

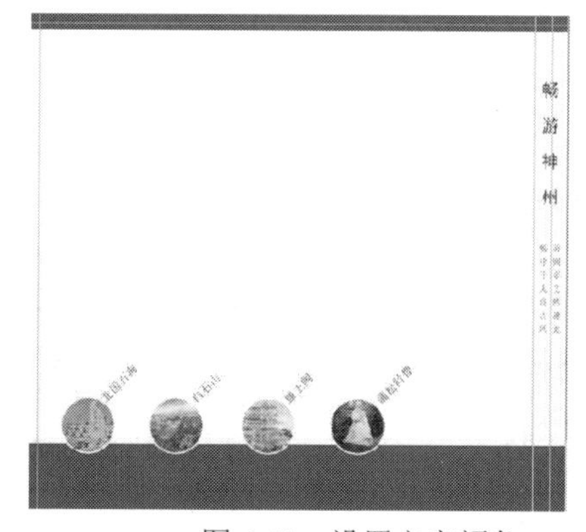

图 6-51　设置文字颜色

图 6-52　封底整体效果

52. 置入条形码。使用移动工具将条形码置于封底的右下角，使用文字工具，在条形码下方输入定价，如图6-53所示。

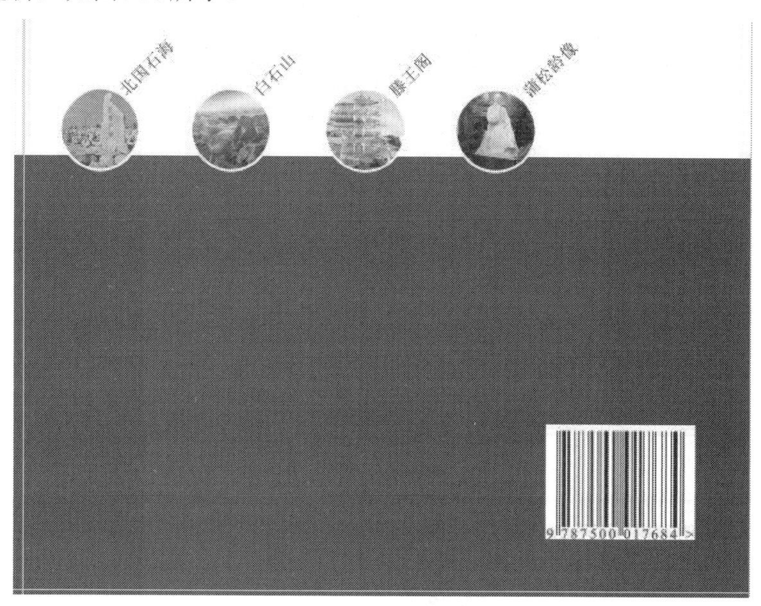

图 6-53　条形码及定价

提示

置入封底文字。通常情况下，由于正封中的尺寸有限，除了主要的图形、图像及文字外，为保证封面的简洁以重点突出主要内容，不要放置太多关于书籍的介绍性文字，而此时可以利用封底来进一步宣传图书。

53. 使用移动工具将正封中的“游”字选中，然后将其拖至封底中，以得到其复制对象，如图6-54所示。

图 6-54　复制文字

54. 使用横排文字工具，选中复制得到的“游”字，修改其颜色为“蓝色”，并在对话框中按照图6-55修改其参数；得到如图6-56所示的效果。

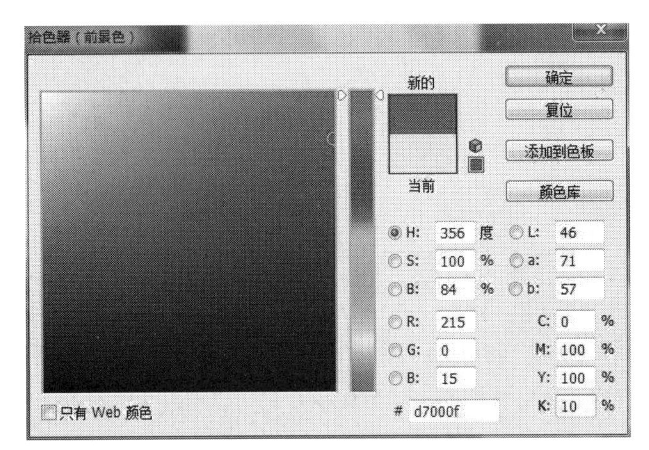

图 6-55 “拾色器（前景色）”对话框

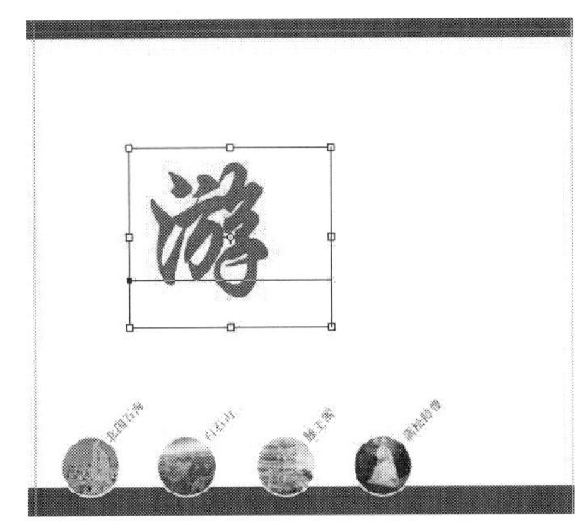

图 6-56 修改文字属性

55. 使用横排文字工具输入文案。在封底“游”字的右侧输入准备好的文案，然后使用横排文字工具选中全部文案内容，在其工具选项栏中按照如图6-57所示进行参数设置，从而将文字格式化，如图6-58所示。

图 6-57 文字工具选项栏

图 6-58 格式化文字

56. 设置填充色为无，边框色为黑色，选择直线工具并设置适当的线型，在上一步格式化的文字右下角绘制，如图6-59所示的水平和垂直直线。

图 6-59　绘制水平和垂直直线

57. 按照上一步的方法，在封底中“游”的左上位置绘制一条，如图6-60所示的黑色直线。

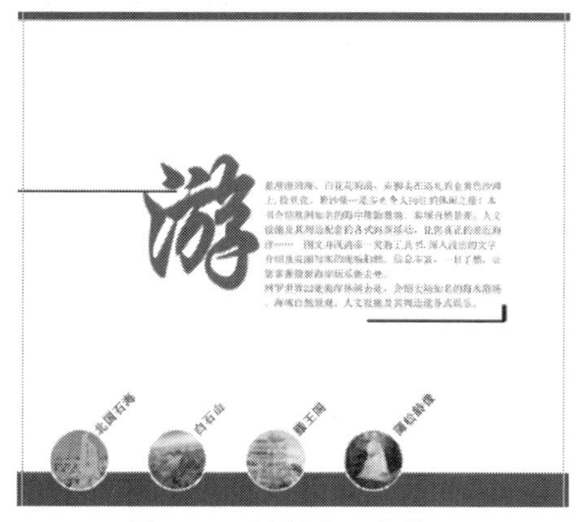

图 6-60　绘制水平直线

58. 使用横排文字工具，设置填充色为黑色和蓝色以及字体大小，在封底的左上角输入封面设计、责任编辑的姓名，同时在上一步绘制的直线上输入丛书名称，得到如图6-61所示的效果。

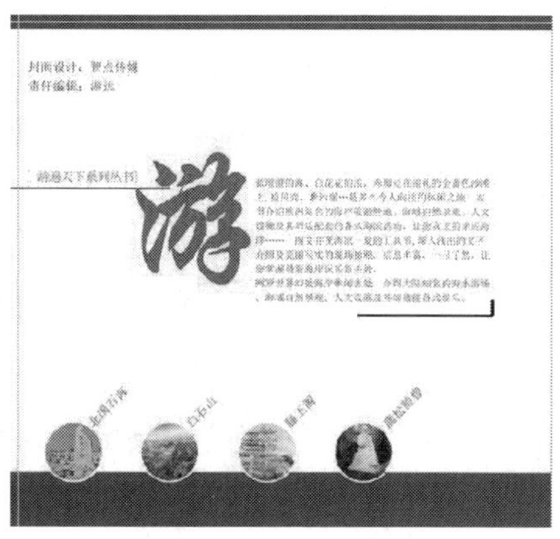

图 6-61　输入文字

59.至此，旅游图书封面的制作就全部完成了，最终效果如图6-62所示。

图 6-62　最终效果

项目小结

本项目主要讲述了如何设计制作图书封面，其中包括封面、书脊、封底。可以熟练掌握Photoshop软件图像文件的新建、打开、保存、出血设置等操作方法，掌握矩形工具、文本工具和形状工具的使用，同时熟悉填充色的设置方法及剪贴蒙版的使用技巧与文字的编辑等操作方法，并掌握旅游书籍封面的制作方法。

户外广告设计

项目目标

通过本项目的学习，以户外广告来掌握知识点，了解户外广告概念；掌握户外广告设计技巧；掌握图文排版整体布局；熟悉掌握户外广告文案的修饰方法；掌握图片的插入及图像的处理方法。

技能要点

◎ 了解户外广告概念
◎ 掌握户外广告设计技巧
◎ 掌握图文排版整体布局
◎ 熟悉掌握户外广告文案的修饰方法
◎ 掌握图片的插入及图像的处理方法

项目导入

户外广告，英文名为Out Door，简称OD广告。我们通常将设置在户外的广告成为户外广告，它是利用自有或租赁的建筑物，通过灯箱、电子显示装置、户外液晶显示屏、展示牌等方式设置商家广告。我们经常可以在公交站、地铁、机场内，道路两旁看到各种各样的户外广告。如今户外广告不仅仅是采用广告牌，显示屏的方式，还出现了升空气球、飞艇等广告形式。户外广告可以根据不同的环境，它的内容也可以有繁有简，形式和风格上也可以多种多样，比如说在墙上喷绘广告等，它最好安放在人流量大的地方。

本项目应用了Photoshop CC设计制作饮料牛奶类户外广告。饮料文案重点是强调饮料安全无添加，图片素材选择也都是比较时尚的合成图，背景简约，加之以图为主、文为辅，简洁明了，使得整个版面一目了然。

一、饮料牛奶类户外广告

效果欣赏

实现过程

1. 启动Photoshop CC，按快捷键Ctrl＋N，打开如图7-1所示的“新建”对话框，新建一个宽度为28厘米、高度为42厘米、分辨率为72像素/英寸、颜色模式为RGB颜色、背景内容为白色的图像文件，最后单击“确定”按钮。

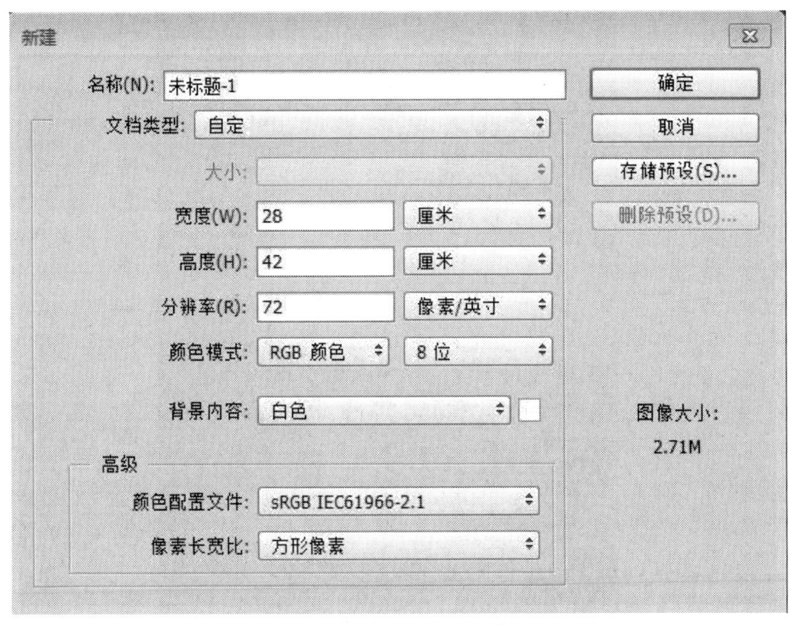

图 7-1 “新建”对话框

2. 添加风景素材。按快捷键Ctrl+O，在弹出的对话框中找到风景素材，然后将其拖曳到当前图像文件中并调整位置大小，如图7-2所示。

图 7-2 风景素材

3. 添加草地素材。按快捷键Ctrl+O，在弹出的对话框中找到草地素材，然后将其拖曳到当前图像文件中并调整位置大小，如图7-3所示。

图 7-3　添加草地素材

4. 添加蒙版。执行“图层”→“图层蒙版”→“隐藏全部”命令，为“草地”图层添加蒙版，然后使用画笔工具在下面涂抹，显示出部分图像，如图7-4所示。

图 7-4　添加蒙版

5. 添加花纹素材。按快捷键Ctrl+O，在弹出的对话框中找到花纹素材，然后将其拖曳到当前图像文件中并调整位置大小，如图7-5所示。

图 7-5 添加花纹素材

6. 调整草地色调。使用“可选颜色”调整图层，设置“颜色”为红色，颜色值为（+4%，-100%，+100%，0%），如图7-6所示。设置“颜色”为黄色，“颜色值”为（-26%，-87%，+100%，0%），如图7-7所示。

图 7-6 调整草地颜色为红色

图 7-7 调整草地颜色为黄色

7. 继续调整草地色调。设置“颜色”为绿色，颜色值为（0，-50%，+100%，0），如图7-8所示。

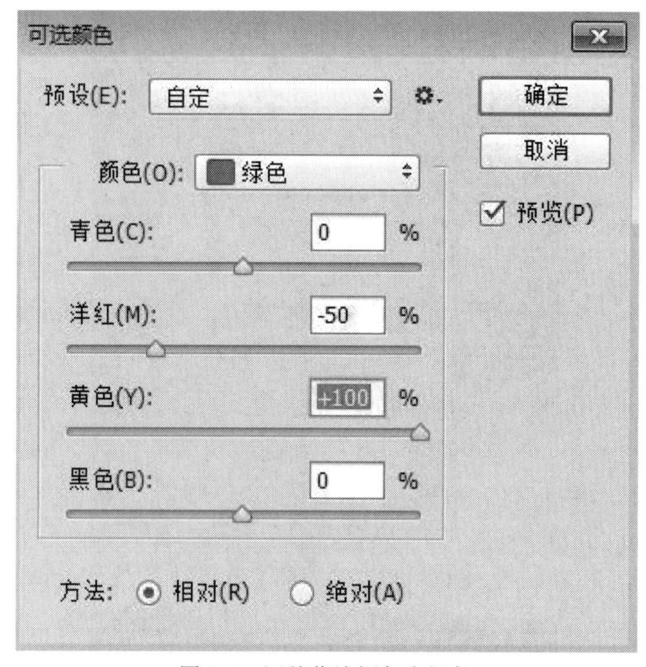

图 7-8　调整草地颜色为绿色

8. 调整“色相/饱和度”参数。使用“色相/饱和度”调整图层，设置“饱和度”为+25，如图7-9所示。效果如图7-10所示。

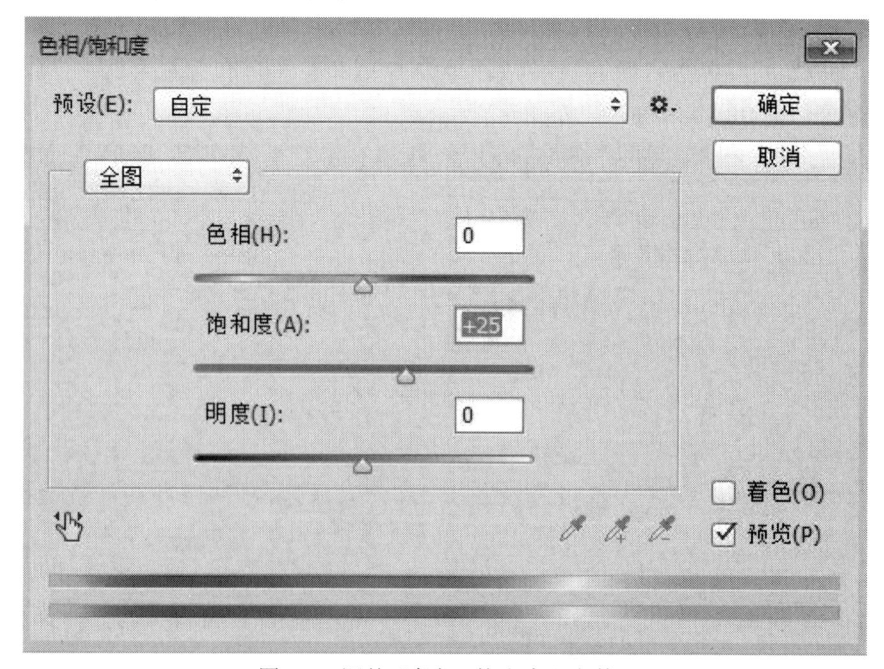

图 7-9　调整“色相 / 饱和度”参数

图 7-10　调整饱和度效果

9. 添加饮料素材。按快捷键Ctrl+O，在弹出的对话框中找到饮料素材，然后将其拖曳到当前图像文件中并调整位置大小，如图7-11所示。

图 7-11　添加饮料素材

10. 添加外发光效果。在“图层样式”对话框中选择“外发光”选项，在其选项栏中设置“混合模式”为滤色，发光颜色为浅黄色，“不透明度”为51%，“扩展”为0%，“大小”为75像素，“范围”为50%，“抖动”为0%，如图7-12所示。外发光效果如图7-13所示。

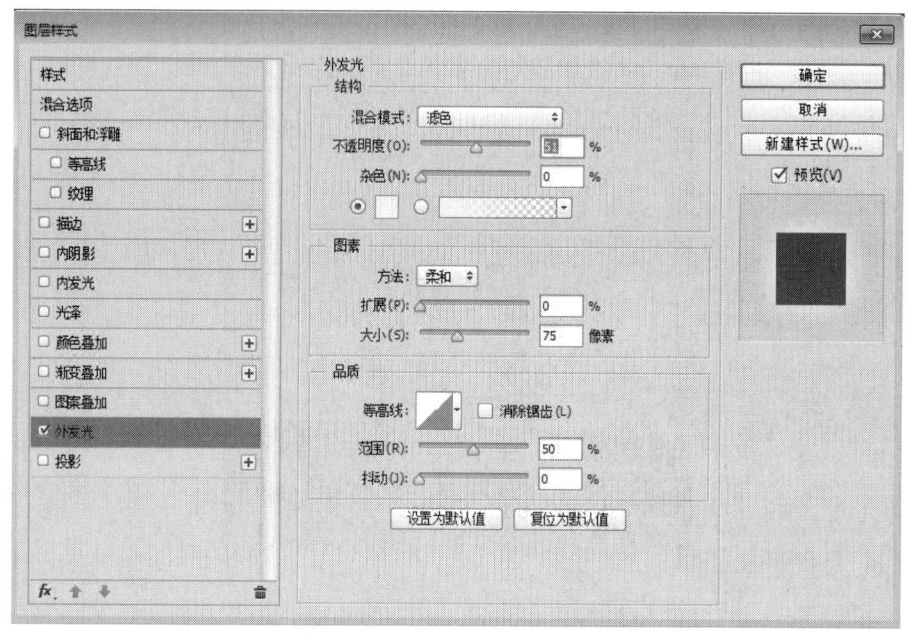

图 7-12　设置“外发光”参数

图 7-13　外发光效果

11. 添加树藤素材。按快捷键Ctrl+O，在弹出的对话框中找到树藤素材，然后将其拖曳到当前图像文件中并调整位置大小，如图7-14所示。

图 7-14　添加树藤素材

12. 添加装饰素材。按快捷键Ctrl+O，在弹出的对话框中找到装饰素材，然后将其拖曳到当前图像文件中并调整位置大小，如图7-15所示。

图 7-15　添加装饰素材

13. 添加光效素材。按快捷键Ctrl+O，在弹出的对话框中找到光效素材，然后将其拖曳到当前图像文件中并调整位置大小，如图7-16所示。

图 7-16　添加光效素材

14. 混合图层。更改“光效”图层的混合模式为滤色，如图7-17所示。

图 7-17　更改图层混合模式

15. 输入文字。使用横排文字工具输入白色文字“水果牛奶”，在其工具选项栏中设置字体为华康海报体，大小为79点，如图7-18所示。

图 7-18　输入文字

16. 添加投影效果。双击文字图层，在弹出的“图层样式”对话框中选择“投影”选项，在其选项栏中设置“不透明度”为75%，“角度”为111度，“距离”为3像素，“扩展”为0%，“大小”为5像素，选中“使用全局光”复选框，如图7-19所示。

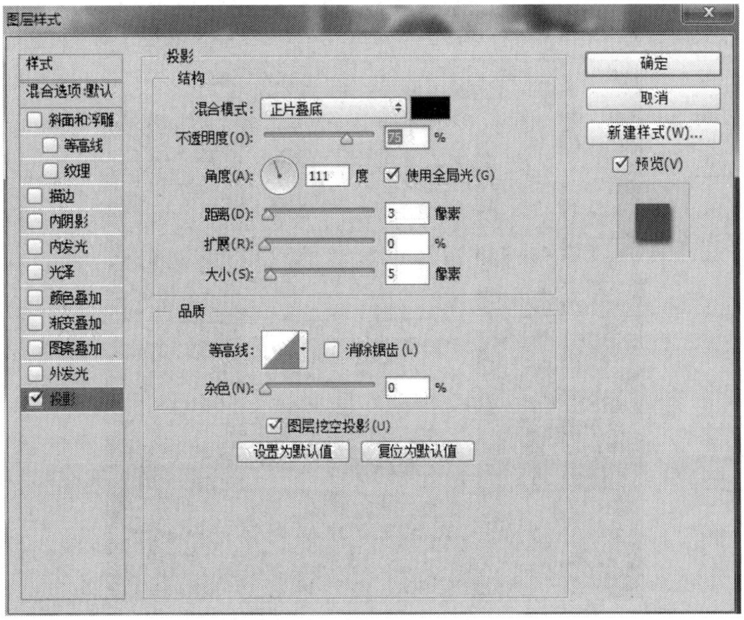

图 7-19　设置“投影”参数

17. 输入文字。使用相同的方法输入文字，字体大小分别为24点和52点，按快捷键Ctrl+A全选图像，执行“编辑”→“合并拷贝”命令，合并拷贝图像，如图7-20所示。

图 7-20　输入文字

18. 添加灯箱模板素材并粘贴图像。按快捷键Ctrl+O，在弹出的对话框中找到灯箱模板素材，按快捷键Ctrl+V粘贴图像，命名为“效果图”，完成效果如图7-21所示。

图 7-21　添加灯箱模板素材并粘贴图像

19. 变换图像。执行“编辑”→“变换”→“扭曲”命令，拖动4个节点，贴合到模板轮廓上，如图7-22所示。

图 7-22　变换图像

20. 混合图层。更改“效果图”图层混合模式为深色，如图7-23所示。

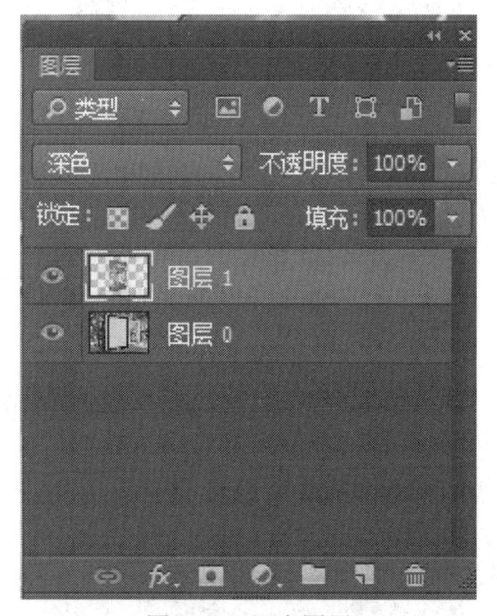

图 7-23　混合图层

21. 添加调整图层。混合图层后，图像效果如图7-24所示。在调整面板中，单击“创建新的颜色查找调整图层”按钮，如图7-25所示。

图 7-24　图像效果

图 7-25　调整面板

22. 设置“颜色查找”参数。在属性面板中，设置“3DLUT文件”为Crisp_Warm.look，如图7-26所示，最终效果如图7-27所示。

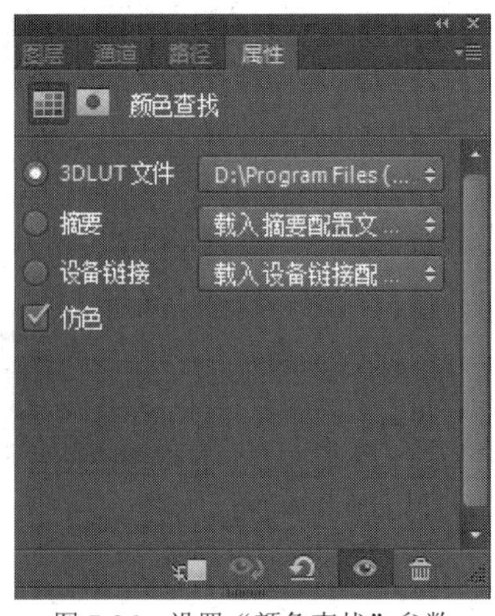

图 7-26　设置“颜色查找”参数

图 7-27　最终效果

项目导入

本项目应用了Photoshop CC设计制作房地产户外广告。房地产户外广告文案重点是强调舒适健康，为了突出绿居的主题，选择白云、草地、绿树等作为图片素材，绿居佳地，更加深人们对绿居概念的印象。

二、房地产户外广告

效果欣赏

实现过程

1. 启动Photoshop CC，按快捷键Ctrl+N，打开如图7-28所示的“新建”对话框，新建一个宽度为40厘米、高度为17厘米、分辨率为72像素/英寸、颜色模式为RGB颜色、背景内容为白色的图像文件，最后单击“确定”按钮。

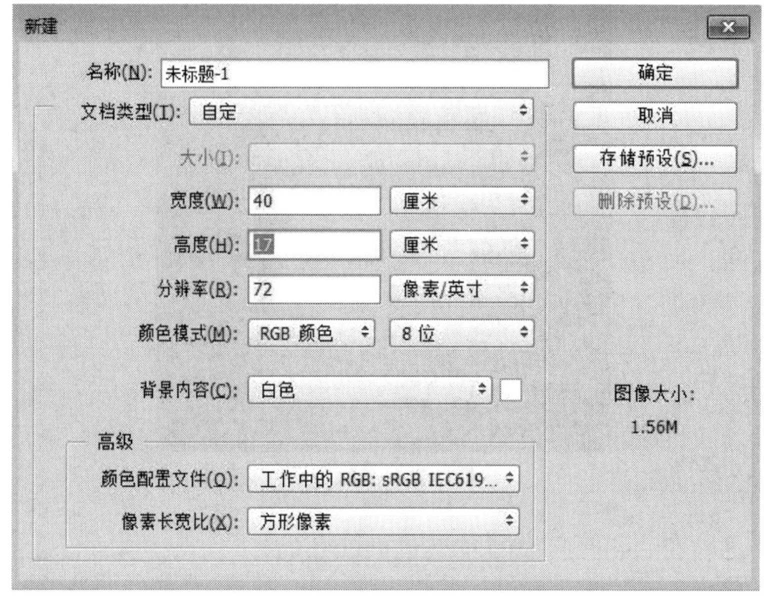

图 7-28 “新建”对话框

2. 填充背景色。按快捷键Alt+Delete填充背景色为浅黄色，如图7-29所示。

图 7-29 填充背景色

3. 添加云层素材。按快捷键Ctrl+O，在弹出的对话框中找到云层素材，然后将其拖曳到当前图像文件中并调整位置大小，如图7-30所示。

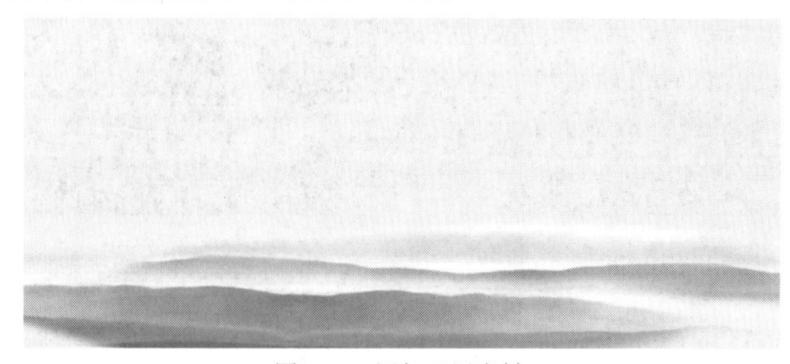

图 7-30 添加云层素材

4. 混合图层。更改“云层”图层混合模式为线性加深，如图7-31所示。混合图层后，效果如图7-32所示。

图 7-31　更改图层混合模式

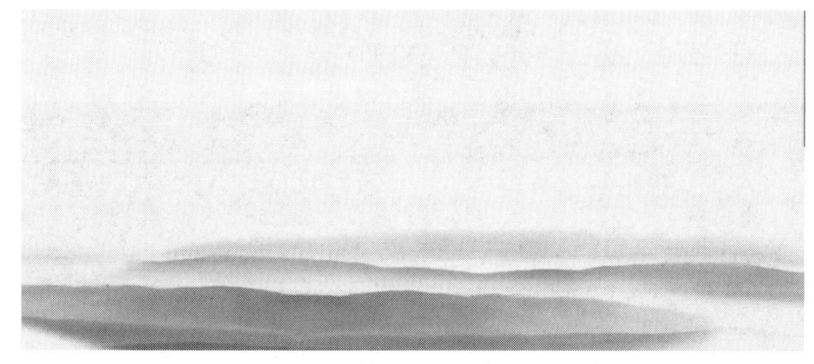

图 7-32　混合图层效果

5. 添加白云素材。按快捷键Ctrl+O，在弹出的对话框中找到白云素材，然后将其拖曳到当前图像文件中并调整位置大小，如图7-33所示。

图 7-33　添加白云素材

提示

制作广告平面图：制作楼宇广告时，要与广告所处的位置相吻合，高端、大气是这类广告的特点。

制作图像内容：这类广告牌通常采用写真或喷绘方式，注重的是远视效果。因为图像非常大，分辨率不要设置得太高。

制作广告效果图：制作广告效果图时，广告牌的重要内容要处于画面的视觉中心，避免其他对象过于醒目。

6. 添加图层蒙版。为“白云”图层添加图层蒙版，使用渐变从上往下拖动黑白修改图层蒙版，如图7-34所示。释放鼠标后，完成效果如图7-35所示。

图 7-34　添加图层蒙版

图 7-35　完成效果

7. 添加楼盘素材。按快捷键Ctrl+O，在弹出的对话框中找到楼盘素材，然后将其拖曳到当前图像文件中并调整位置到左侧，如图7-36所示。

图 7-36　添加楼盘素材

8. 添加绿树素材。执行上一步找到绿树素材，然后将其拖曳到当前图像文件中并调整位置到右侧，如图7-37所示。

图 7-37　添加绿树素材

9. 添加草地素材。执行上一步找到草地素材拖动到当前文件中，然后移动到适当位置，如图7-38所示。

图 7-38　添加草地素材

10. 添加绿色文字。设置前景色为绿色。使用横排文字工具输入文字，然后在字符面板中设置字体为方正大标宋简体，大小为90点，如图7-39所示。

图 7-39　添加绿色文字

11. 绘制直线。设置前景色为黑色。新建图层，命名为“直线”。使用直线工具，在其工具选项栏中设置粗细为2像素，拖动鼠标绘制直线，如图7-40所示。

图 7-40　绘制直线

12. 添加黑色文字。设置前景色为黑色。使用横排文字工具，在图像中输入文字，然后在字符面板中设置字体为方正大黑简体，大小为30点，如图7-41所示。

图 7-41　添加黑色文字

13. 合并拷贝图像。按快捷键Ctrl+A全选图像，执行“编辑”→“合并拷贝”命令，效果如图7-42所示。

图 7-42　合并拷贝图层

14. 添加楼宇广告模板素材并粘贴图像。按快捷键Ctrl+O，在弹出的对话框中找到楼宇广告模板素材，然后将其拖曳到当前图像文件中并按快捷键Ctrl+V粘贴图像，如图7-43所示。

图 7-43　添加楼宇广告模板素材并粘贴图像

15. 扭曲变换图像。执行“编辑”→“变换”→“扭曲”命令，拖动变换点，扭曲变换图像，贴合到楼宇广告模板上，如图7-44所示。

图 7-44　扭曲变换图像

16. 创建剪贴蒙版。执行“图层”→“创建剪贴蒙版”命令，创建剪贴蒙版，如图7-45所示。

图 7-45　创建剪贴蒙版

17. 图像变形处理。执行“编辑” →“变换”→“变形”命令，拖动变换点调整图像，如图7-46所示。

图 7-46　图像变形处理

18. 最终效果如图7-47所示。

图 7-47　最终效果

项目小结

本项目主要讲述如何设计制作户外广告，其中包括广告主题，广告文案排版，图像合成。在项目实施过程中，结合实际案例，来加深读者对户外广告的认识，可以熟练运用版面排版技巧，达到版面图文整体和谐性，掌握户外广告设计技巧，遵循图形设计的美学原则，能够合理运用图形与文案来设计户外广告。

画册封面设计

项目目标

通过本项目的学习，以设计制作画册来掌握知识点，了解画册的基本设计思想；了解设计构图与视觉传达的关系；熟悉设计元素的基本设计方法并在实践中能灵活运用；掌握色彩基础知识；掌握画册封面制作方法；熟悉掌握画册封面文本的编辑；掌握图片的插入及图像的处理方法。

技能要点

◎ 了解画册的基本设计思想
◎ 熟悉设计元素的基本设计方法
◎ 掌握色彩基础知识
◎ 掌握画册封面制作方法
◎ 熟悉掌握画册封面文本的编辑
◎ 掌握图片的插入及图像的处理方法

项目导入

本项目应用了Photoshop CC设计制作环保类画册封面。为突出该画册的主题，我们挑选了大量的绿色风景图片，画面以绿色为主色调，大方简洁，达到宣传环保的目的。

一、环保类画册封面设计

效果欣赏

实现过程

1. 启动Photoshop CC，按快捷键Ctrl＋N，打开如图8-1所示的“新建”对话框，新建一个宽度为42.6厘米、高度为29.1厘米、分辨率为300像素/英寸、颜色模式为RGB颜色、背景内容为白色的图像文件，最后单击“确定”按钮。

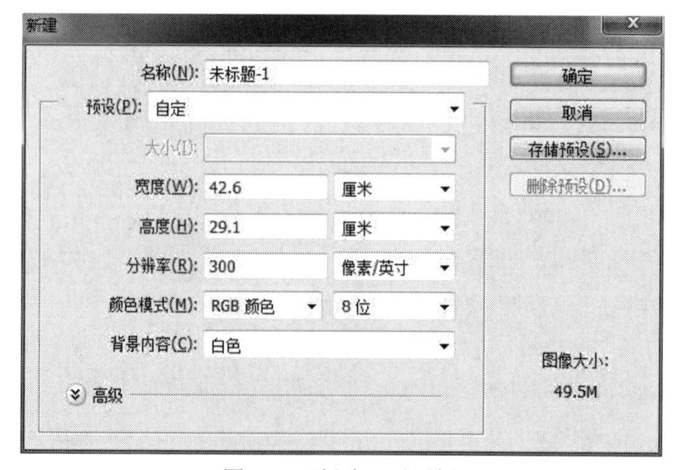

图 8-1 “新建”对话框

提示

在创建文件完毕后，我们需要利用参考线将封面和封底分开。并且四个边分别建立一个0.3厘米的出血线，下面讲解在当前制作的封面文件中添加参考线的操作方法。

首先将中间的封面封底分出来，这样左右两侧的封底和封面就会自动被区分开。右边为封面，左边为封底。

2. 执行“视图”→“标尺”命令或按快捷键Ctrl+R以显示出标尺。

3. 在垂直标尺上分别拖出参考线，并置于21.3厘米的位置上，如图8-2所示。

图 8-2　添加参考线

提示

出血线即为印刷裁切线，为了精准判断裁切位置和避免主要内容被裁切建立出血线，出血现在距离边缘0.3厘米的位置。

4. 新建出血线，执行“视图”→“新建参考线”，选择水平，并分别置于0.3厘米和28.8厘米的位置上。选择垂直，并分别置于0.3厘米和42.3厘米的位置上，如图8-3所示。

图 8-3　新建出血线

5. 选择圆角矩形工具，在封面部分建立一个半径为60像素的圆角矩形块，并将颜色填充为蓝色，将矩形块调整到合适大小及位置，如图8-4所示。

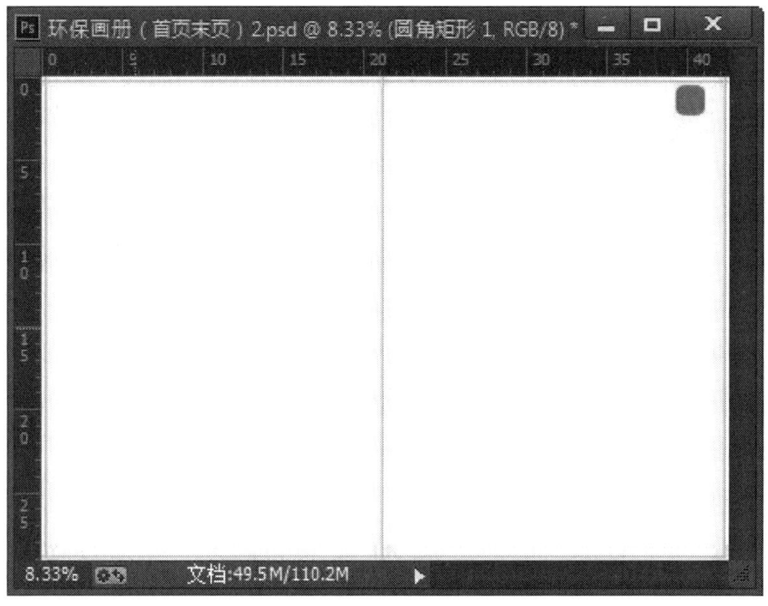

图 8-4　绘制蓝色圆角矩形

6. 按照上一步的方法，在封面的顶部绘制蓝色矩形，并且可以适当更改合适的颜色来突出主题，得到如图8-5所示的效果。

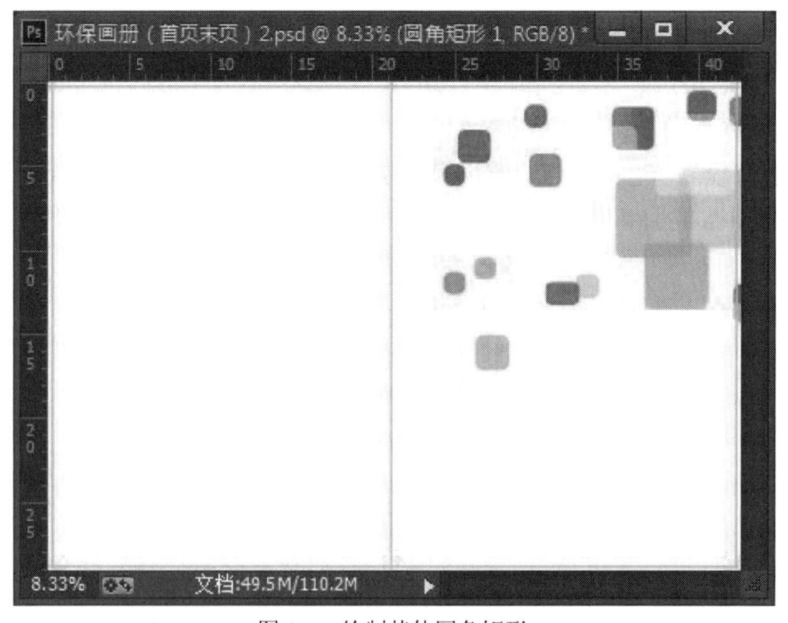

图 8-5　绘制其他圆角矩形

7. 建立三个大一点的圆角矩形，将三个矩形填充黑色并分开放于封面中间作为剪贴蒙版，如图8-6所示。

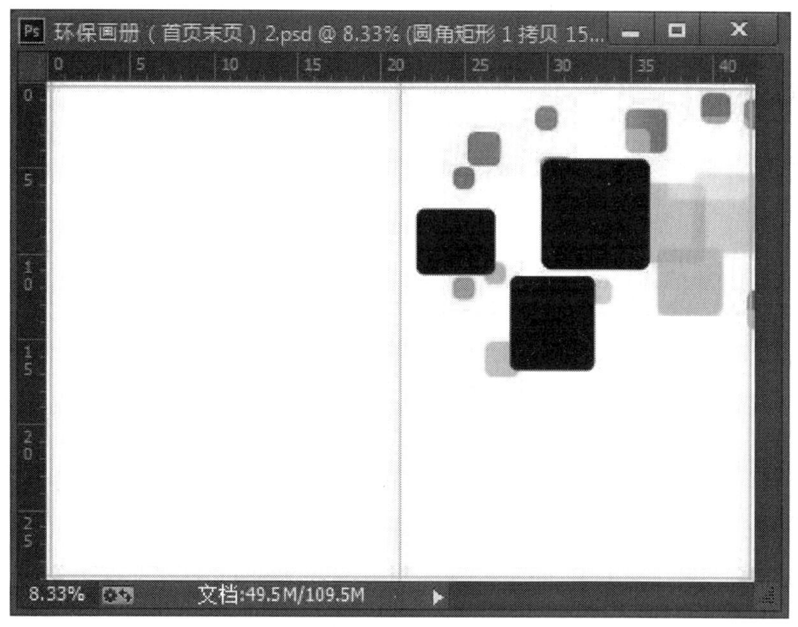

图 8-6　添加参考线

8. 按快捷键Ctrl+O，在弹出的对话框中找到素材一、素材二、素材三，将其拖曳到当前图像文件中并调整位置大小，然后置于黑色圆角矩形的上方，如图8-7所示。

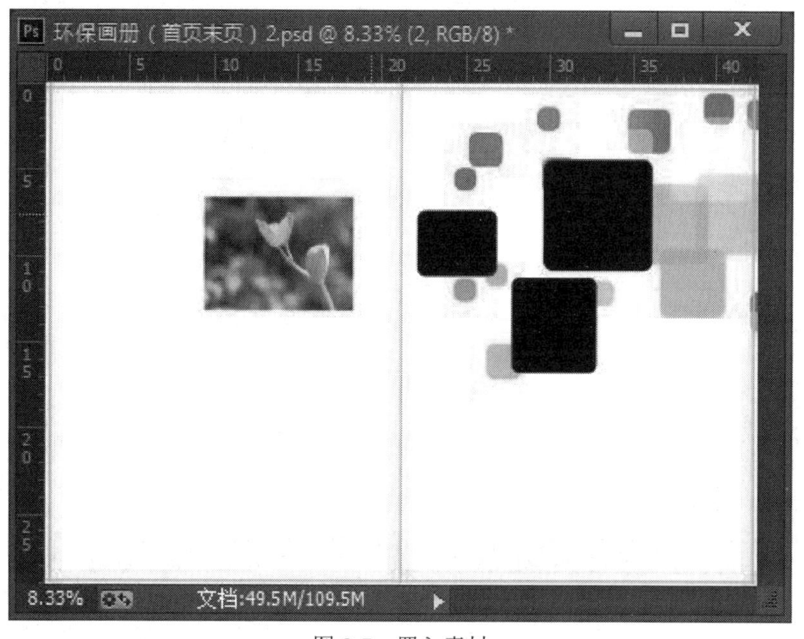

图 8-7　置入素材

9. 使用剪贴蒙版将素材贴入黑色圆角矩形，图片必须等于或者大于黑色圆角矩形，不然就会露出黑边，拖动的素材图层必须在圆角矩形图层的上方，按住Alt键在两个图层的中间单击鼠标右键，如图8-8所示。

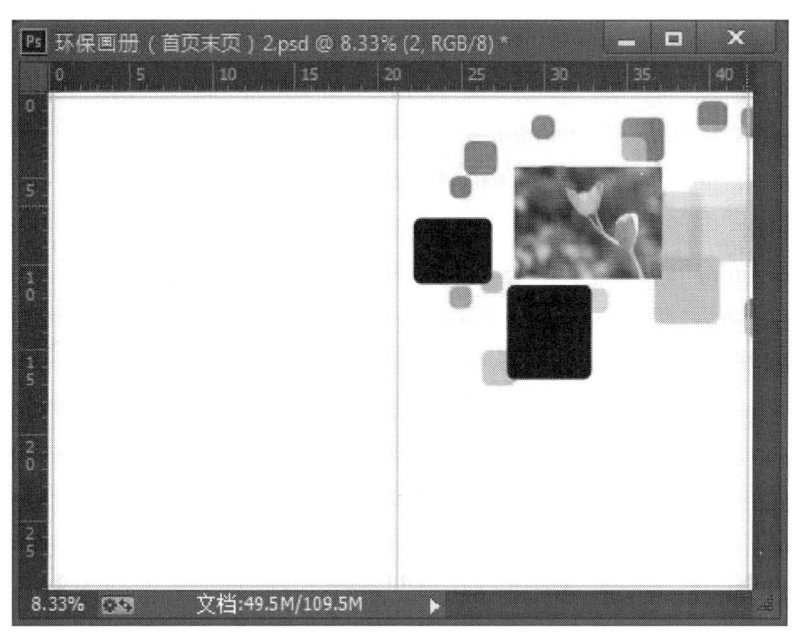

图 8-8　移动图像位置

10.将三个素材全部拖动到图层并且剪贴到黑色矩形，如图8-9所示。

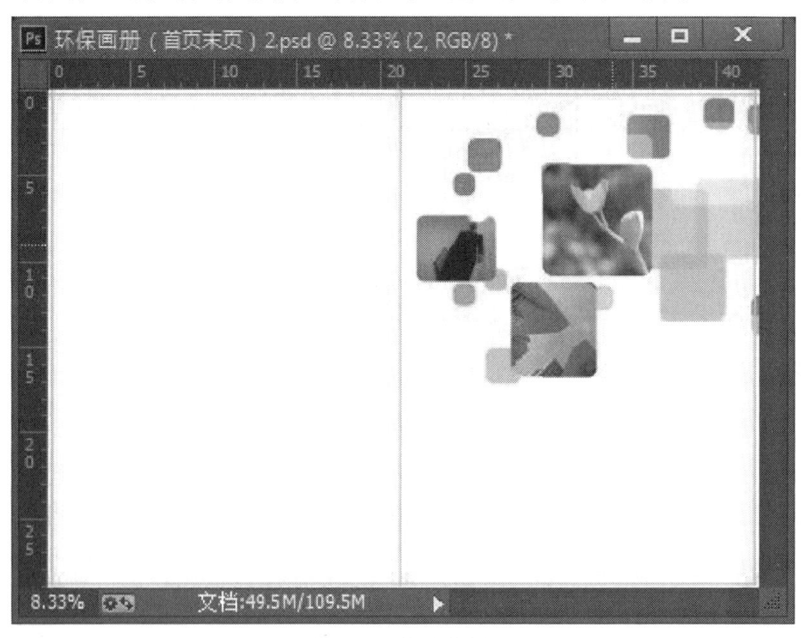

图 8-9　剪贴蒙版

11. 在画册封面下方输入信息。使用文字工具输入文字，设置字体为Vani，大小100点，加粗，颜色为蓝色，如图8-10所示。

图 8-10　文字工具选项栏

图 8-11　文字效果

12. 按照上一步操作，使用文字工具，在“DSV”的下方输入“DI TAN SHENGHUO”，设置字体为Vani，大小20点，颜色为蓝色；输入“低碳”，设置字体为黑体，大小80点，颜色为灰色；输入“商用智能中央新风系统”，字体为黑体，大小24点，颜色为黑色。如图8-12所示。

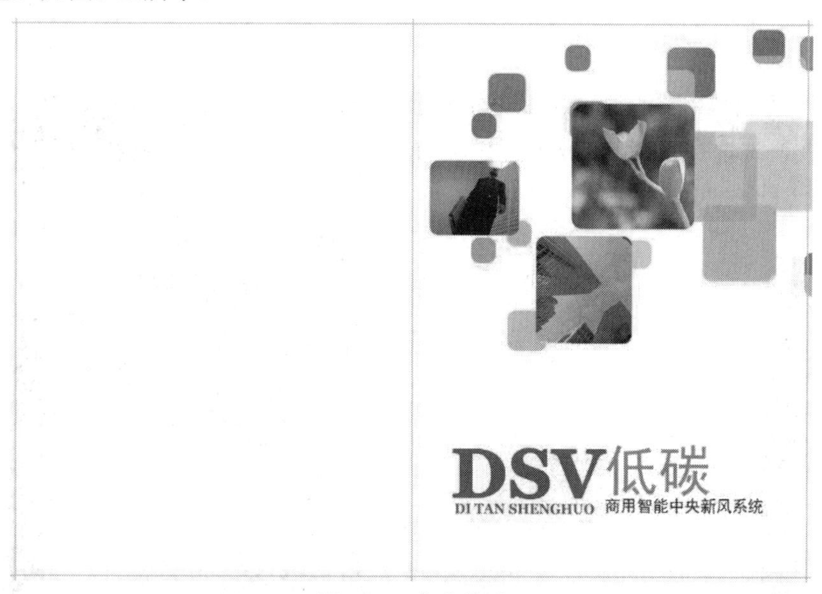

图 8-12　完成效果

13. 使用圆角矩形工具，在封面部分建立一个半径为60像素的圆角矩形块，并将颜色填充为绿色，将矩形块调整到合适大小及位置，如图8-13所示。

图 8-13　绘制圆角矩形

提示

画册封底不用像封面一样宣传公司、宣传项目，封底主要在左下角的公司详细地址及联系方式，不用做的太花哨，以免不能突出重点。

14. 按照上一步操作，复制绿色圆角矩形图层按快捷键Ctrl+J。

15. 将圆角矩形分布放在封底左上角，但是不能乱，要有节奏的放，颜色不要单一，可以有两种颜色，如图8-14所示。

图 8-14　封底圆角矩形整体效果

16. 使用文字工具在封底左下角输入公司名称“北京市绿海能环保有限责任公司”，设置字体为黑体，大小22点，颜色为黑色，如图8-15所示。

图 8-15 输入公司名称

17. 使用矩形工具里的直线工具在“北京市绿海能环保有限责任公司”下方绘制一条直线，设置颜色为黑色，粗细为10，如图8-16所示。

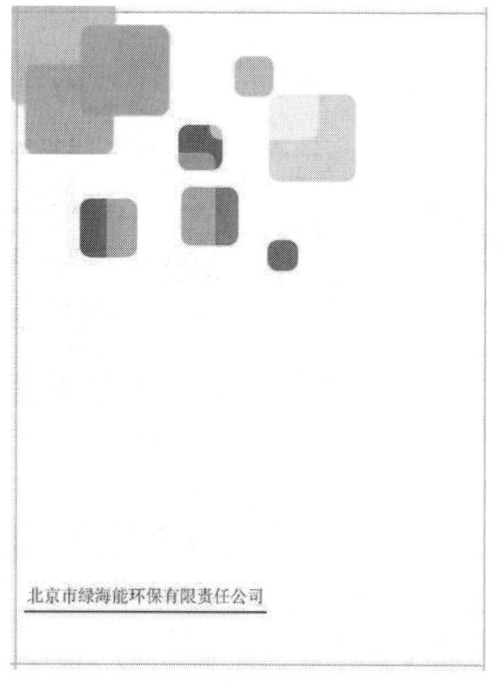

图 8-16 绘制一条直线

提示

使用自由变换对图片进行拉伸的时候按住Shift键可以使图片保持原来形状，在使用直线工具的时候按住Shift键可以保持直上直下。

18. 使用文字工具输入地址及电话，设置字体为宋体，大小为16点，颜色为黑色，如图8-17所示。

图 8-17　输入地址及电话

19. 至此，环保类画册封面的制作就全部完成了，最终效果如图8-18所示。

图 8-18　最终效果

项目导入

本项目应用了Photoshop CC设计制作海鲜类画册封面。为突出该画册内容的丰富及广泛性，我们挑选了湖水蓝天与蔬菜作为封底素材，封面以大闸蟹为主，搭配精致的海鲜食品图片，达到吸引消费者的目的。

二、海鲜类画册封面设计

效果欣赏

实现过程

1. 启动Photoshop CC，按快捷键Ctrl＋N，打开如图8-19所示的“新建”对话框，新建一个宽度为30厘米、高度为20厘米、分辨率为300像素/英寸、颜色模式为RGB颜色、背景内容为白色的图像文件，最后单击“确定”按钮。

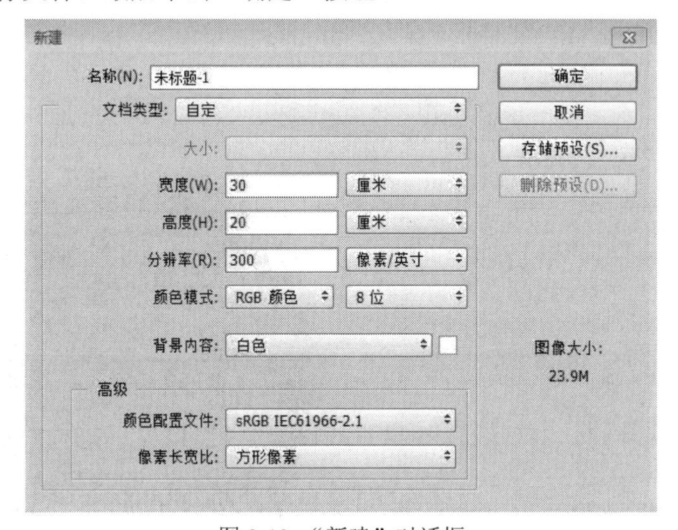

图 8-19 “新建”对话框

2. 新建参考线。执行“视图”→“新建参考线”命令，在弹出的“新建参考线”对话框中设置“位置”为15厘米，如图8-20所示。

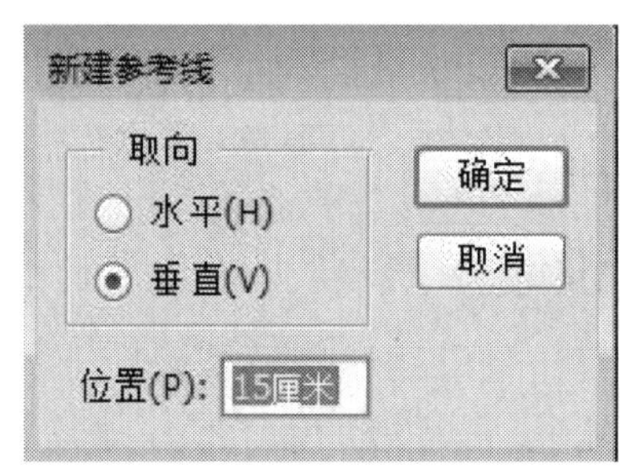

图 8-20 “新建参考线”对话框

3. 新建组并添加大闸蟹素材。新建组，命名为“封面”，如图8-21所示。按快捷键Ctrl+O，在弹出的对话框中找到大闸蟹素材，然后将其拖曳到当前图像文件中并调整位置大小，如图8-22所示。

图 8-21 新建“封面”组

图 8-22 添加大闸蟹素材

4. 添加蓝天素材。按快捷键Ctrl+O，在弹出的对话框中找到蓝天素材，然后将其拖曳到当前图像文件中并调整位置大小，如图8-23所示。

图 8-23　添加蓝天素材

5. 添加图层蒙版。为“蓝天”图层添加图层蒙版，使用黑白渐变工具修改图层蒙版，效果如图8-24所示。

图 8-24　添加图层蒙版

6. 添加文字。使用横排文字工具，在图像中输入“Delicious”，在其工具选项栏中设置字体为方正小标宋简体，大小为36点，颜色为橙色，如图8-25所示。更改“不透明度”为77%，效果如图8-26所示。

图 8-25　添加文字

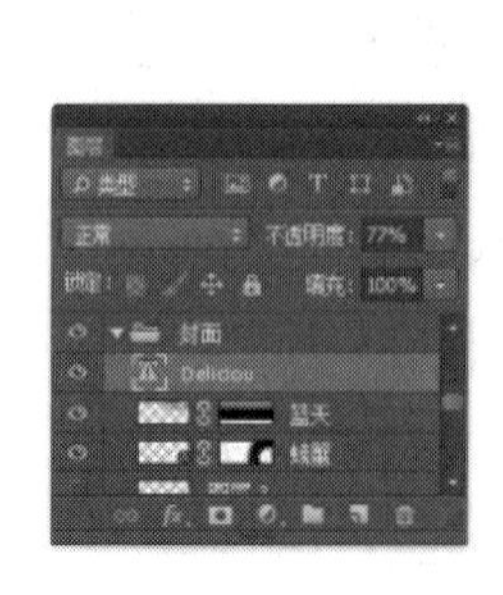

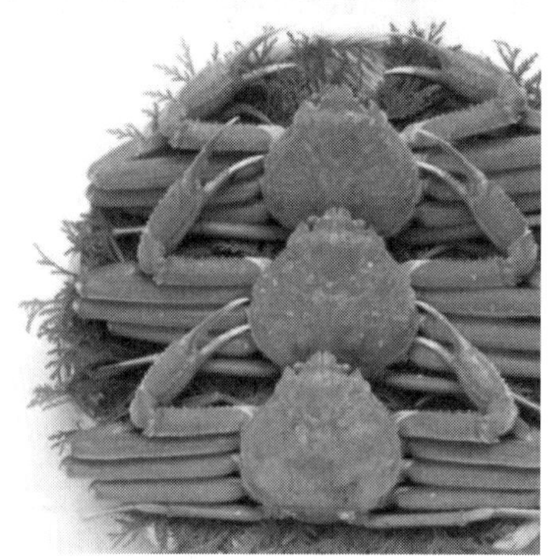

图 8-26　完成效果

7. 添加其他文字。使用横排文字工具，在图像中输入其他字母，设置颜色为深蓝#2b4825、红#e84411、深蓝#639aa7，设置不透明度为68%、74%、70%，完成效果如图8-27所示。

图 8-27 完成效果

8. 添加食物素材。按快捷键Ctrl+O，在弹出的对话框中找到食物素材，然后将其拖曳到当前图像文件中并调整位置大小，如图8-28所示。

图 8-28 添加食物素材

9. 添加一段文字。使用横排文字工具，在图像中输入字母，在其工具选项栏中设置字体为Lucida Bright，大小为6.8点，颜色为黑色，如图8-29所示。

图 8-29　添加一段文字

10. 复制图层。按快捷键Ctrl+J复制“蓝天”图层，将得到的图层移动到面板最上方，执行“图层”→“新建”→“从图层新建组”命令，更改“组”名称为“封底”。移动图层到左侧适当位置，如图8-30～图8-31所示。

图 8-30　复制“蓝天”图层

图 8-31　绘制矩形条

11. 添加蔬菜素材。按快捷键Ctrl+O，在弹出的对话框中找到蔬菜素材，然后将其拖曳到当前图像文件中并调整位置大小，如图8-32所示。

图 8-32　添加蔬菜素材

12. 绘制横白色矩形条。新建图层，命名为“横白条”。使用矩形选框工具创建选区，填充白色，如图8-33所示。

图 8-33　绘制横白色矩形条

13. 绘制竖白色矩形条。新建图层，命名为“竖白条”。使用矩形选框工具创建选区，填充白色，如图8-34所示。

图 8-34　绘制竖白色矩形条

14. 添加文字。使用横排文字工具，在图像中输入字母，分别调整颜色为黑色和橙色，设置字体为方正小标宋体，大小为20点、8点，文字效果如图8-35所示。

图 8-35　文字效果

15. 添加风景素材。按快捷键Ctrl+O，在弹出的对话框中找到风景素材，然后将其拖曳到当前图像文件中并调整位置大小，然后移动到“蓝天副本”图层下面，如图8-36所示。

图 8-36 添加风景素材

16. 添加绿叶素材。按快捷键Ctrl+O，在弹出的对话框中找到绿叶素材，然后将其拖曳到当前图像文件中并调整位置大小，如图8-37所示。

图 8-37 添加绿叶素材

17. 创建选区。使用矩形选框工具创建选区，然后新建图层，命名为“中轴投影”，如图8-38所示。

图 8-38　创建选区

18. 设置渐变色。使用渐变工具，在其工具选项栏中单击渐变色条，在弹出的“渐变编辑器”对话框中设置渐变色为浅灰到白色，如图8-39所示。

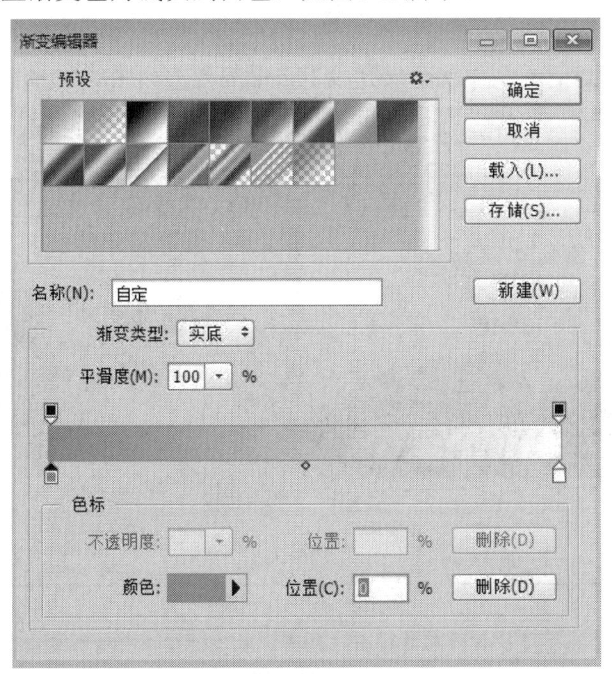

图 8-39　“渐变编辑器”对话框

19. 创建中轴图层。新建图层，命名为“中轴”。使用矩形选框工具，创建选区，填充蓝色，然后将“中轴投影”图层拖动到“封面”组中，如图8-40所示。

图 8-40　中轴投影效果

知识链接

画册，是企业对外宣传自身文化、产品特点的广告媒介之一，是企业对外的名片，属于印刷品。排版，是指将文字、图片、图形等可视化信息元素在版面布局上调整位置、大小，使版面布局条理化的过程。

20. 至此，画册封面的制作就全部完成了，最终效果如图8-41所示。

图 8-41　最终效果

项目小结

本项目主要讲述了如何设计制作画册封面。在项目实施过程中，结合实际案例，来加深读者对画册封面设计的认识，掌握构图技巧，能够掌握色彩构成、图形构成和空间构成，以及熟练掌握画册封面制作方法，具备基本设计能力。

网页设计

项目目标

通过本项目的学习，以设计制作网页来掌握知识点，灵活运用Photoshop软件来设计网页，了解网页的基本设计思想；熟悉网页的布局；掌握简单网页的制作方法；熟悉掌握网页文本的修饰方法，文本格式的设置及边框与阴影的应用；掌握图片的插入及图像的处理方法，学会为网页添加背景的方法；掌握导航栏的使用方法；利用列表组织网页内容，等等。

技能要点

◎ 了解网页的基本设计思想

◎ 熟悉网页的布局

◎ 掌握简单网页的制作方法

◎ 熟悉掌握网页文本的修饰方法

◎ 掌握图片的插入及图像的处理方法

◎ 掌握导航栏的使用方法

◎ 利用列表组织网页内容

项目导入

网页设计师一定要对美有特殊的感觉，确切地说要对网页设计的美感有敏感性。对全站的颜色运用以及整体的布局设计有一个很好的把控能力，有自己独特的设计理念，突出重点，这样才能吸引浏览者。

本项目应用了Photoshop CC设计制作美食类网页。为突出该网页内容的丰富及广泛性，我们在网页中放置了大量的美食图片，并选择黄色作为网页的主体颜色，网页版式给人整洁干净之感，对称摆放的食品实物更加让人食欲大开。

一、美食类网页设计

效果欣赏

实现过程

1. 启动Photoshop CC，按快捷键Ctrl＋N，打开如图9-1所示的“新建”对话框，新建一个宽度为1440像素、高度为1440像素、分辨率为72像素/英寸、颜色模式为RGB颜色、背景内容为白色的图像文件，最后单击“确定”按钮。

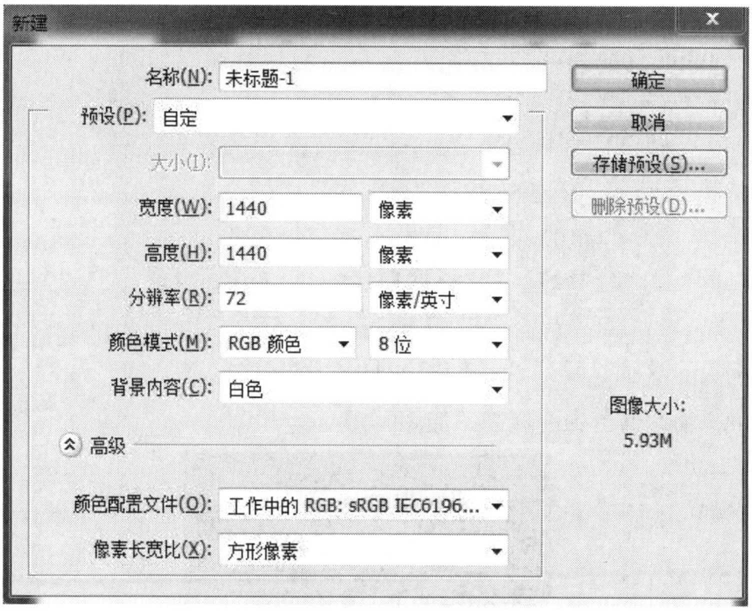

图 9-1 “新建”对话框

提示

在创建文件完毕后，我们需要利用参考线将有效区域分开。首先将中间的文字有效区域划分出来，这样左右两侧的模块就会自动区分开。

2. 创建渐变底。双击该图层，在弹出的“图层样式”对话框中选择“渐变叠加”选项，在“渐变叠加”选项栏中设置“样式”为线性，“角度”为90度，“缩放”为143%，单击渐变色条，如图9-2所示。

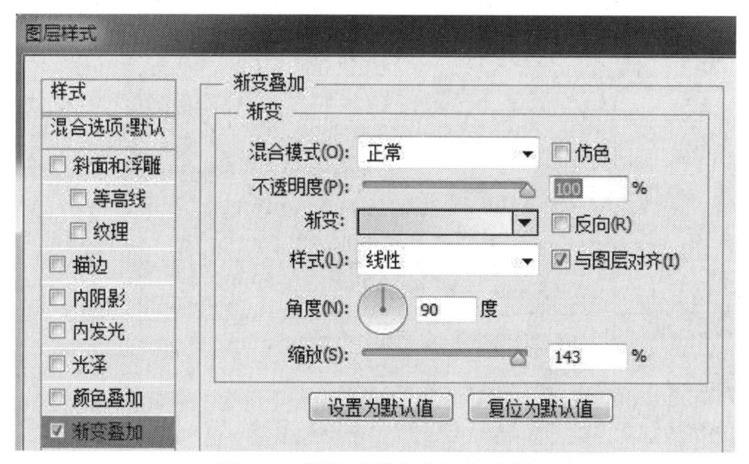

图 9-2 设置“渐变叠加”参数

3. 设置渐变色。在弹出的“渐变编辑器”对话框中设置如图9-3所示参数。

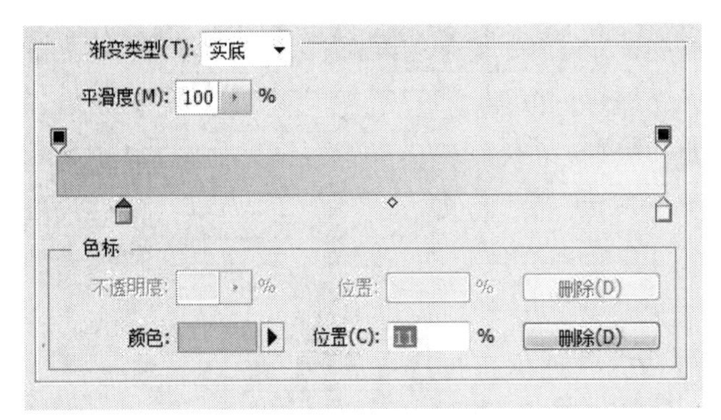

图 9-3　设置渐变色

4. 设置完成，命名为“渐变底”。如图9-4所示。

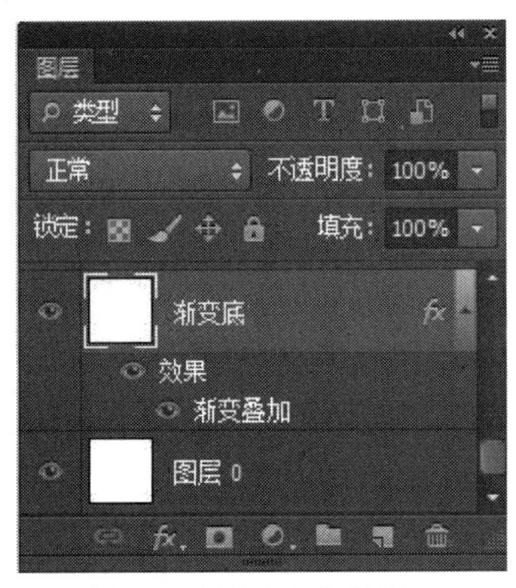

图 9-4 “渐变底”图层

5. 创建渐变图层。新建图层，命名为“下渐变”。使用矩形选框工具创建选区，填充任意颜色，如图9-5所示。

图 9-5　下渐变

6. 添加“渐变叠加”效果。双击图层，在弹出的“图层样式”对话框中选择“渐变叠

加”选项，在“渐变叠加”选项栏中设置“样式”为线性，“角度”为90度，“缩放”为143%，单击渐变色条，如图9-6所示。

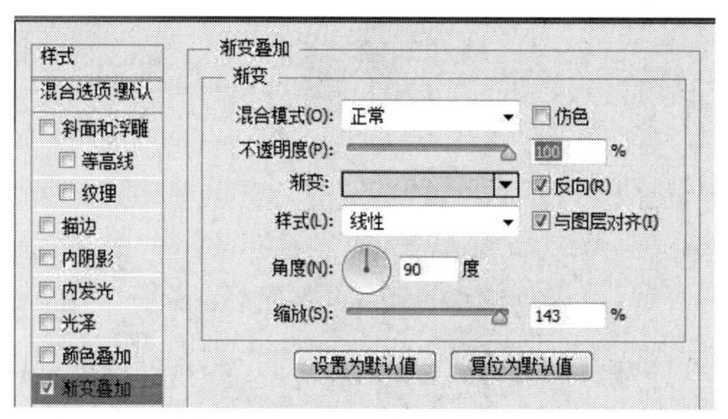

图 9-6 设置“渐变叠加”参数

7. 设置渐变色。在弹出的“渐变编辑器”对话框中设置如图9-7所示参数，并调整色标位置。

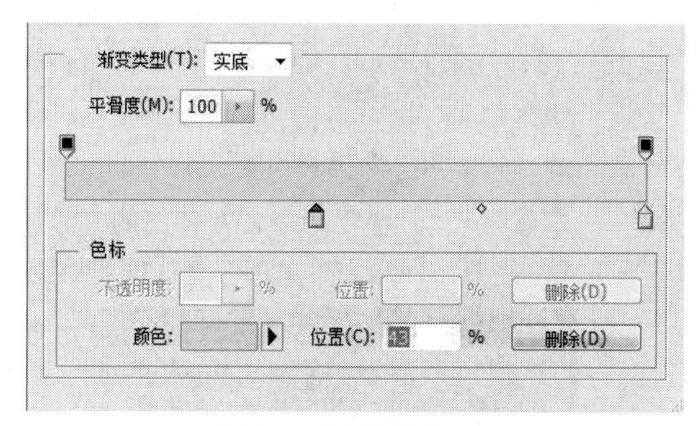

图 9-7 设置渐变色

8. 创建正片叠底图层。新建图层，命名为“正片叠底”。使用矩形选框工具创建选区，如图9-8所示。

图 9-8 创建矩形选区

9. 旋转图像。执行“图像”→“图像旋转”→“90度（顺时针）”命令，旋转图像后移动到适当位置，显示出所图像，如图9-9所示。

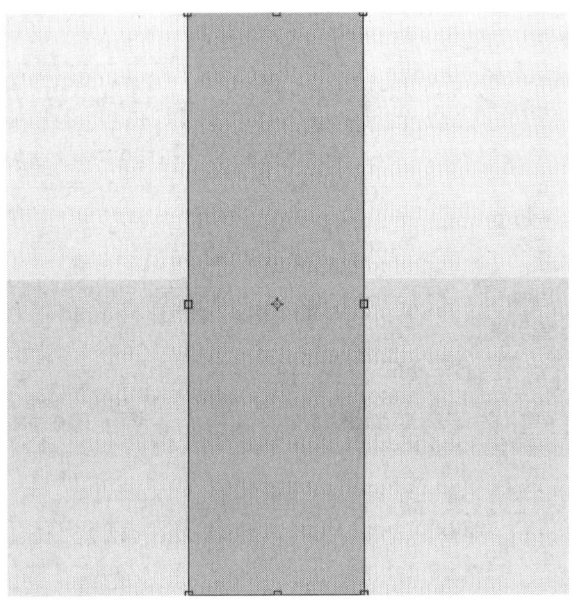

图 9-9　旋转图像

10. 添加杂色。执行“滤镜”→“杂色”命令，在弹出的“添加杂色”对话框中设置“数量”为20%，“分布”为高斯分布，选中“单色”复选框，如图9-10所示。

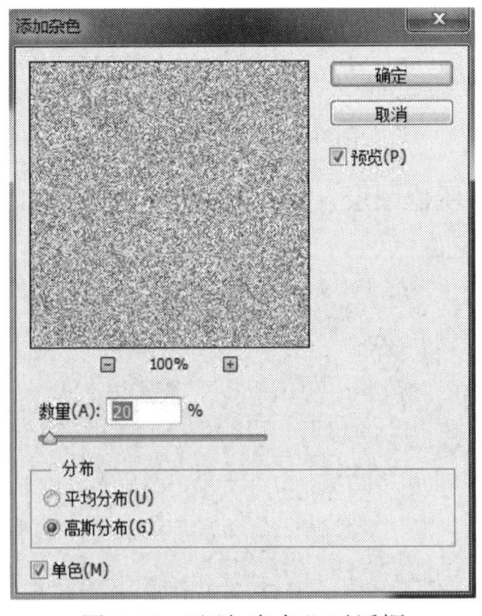

图 9-10　“添加杂色”对话框

知识链接

滤镜主要是用来实现图像的各种特殊效果。它在Photoshop中具有非常神奇的作用。所有的滤镜在Photoshop中都按分类放置在菜单中，使用时只需从该菜单中执行这命令即可。

11. 模糊图像。执行“滤镜”→“模糊”→“动感模糊”命令，在弹出的“动感模糊”对话框中设置“角度”为0度，“距离”为20像素，如图9-11所示。

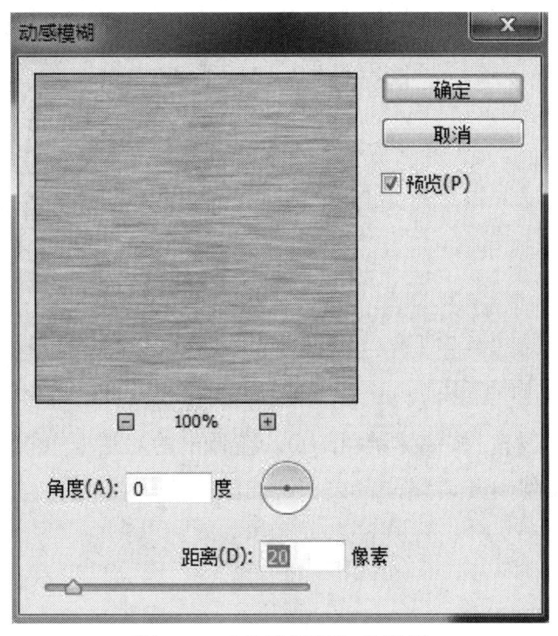

图 9-11 “动感模糊”对话框

12. 旋转图像。执行“图像”→“图像旋转”→“90度（逆时针）”命令，旋转图像后移动到适当位置，显示出所有图像，如图9-12所示。

图 9-12 旋转图像

13. 添加图层蒙版。为图层添加图层蒙版，使用黑色画笔工具在下方涂抹，修改图层蒙版，如图9-13～图9-14所示。

图 9-13　画笔工具

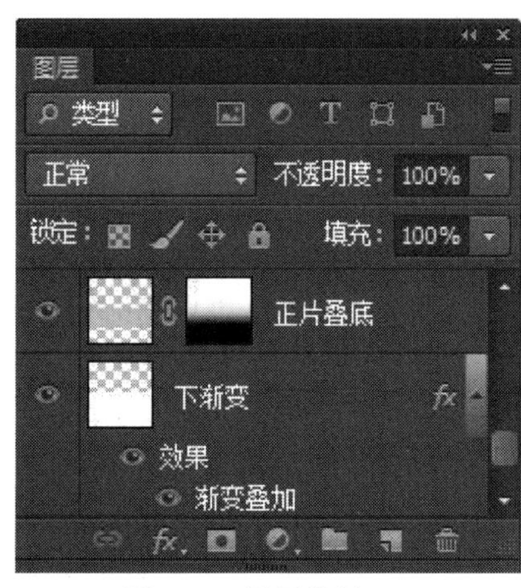

图 9-14　图层蒙版

14. 添加梅花树枝素材。按快捷键Ctrl+O，在弹出的对话框中找到梅花树枝素材，然后将其拖曳到当前图像文件中并调整位置大小，如图9-15所示。

图 9-15　添加梅花树枝素材

15. 添加汉堡套餐素材。按快捷键Ctrl+O，在弹出的对话框中找到汉堡套餐素材，然后将其拖曳到当前图像文件中并调整位置大小，如图9-16所示。

图 9-16　添加汉堡套餐素材

16. 添加文字。使用横排文字工具，输入文字“特鲁汉堡”，如图9-17所示。

图 9-17　添加文字

17. 设置文字属性。在字符面板中，设置字体为宋体、仿粗体，大小为80点，行距为79点，颜色为橙红色，如图9-18所示，文字效果如图9-19所示。

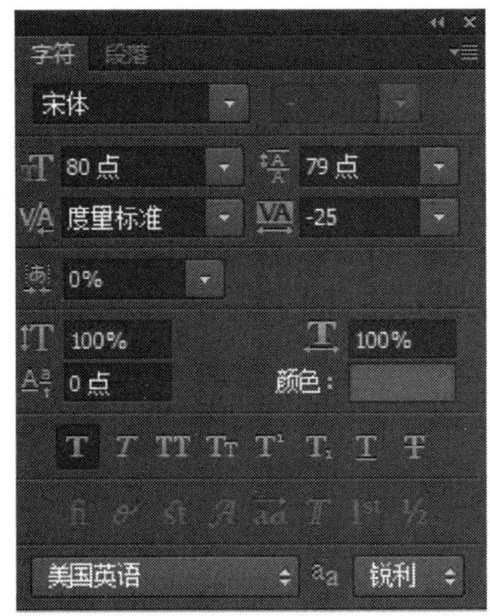

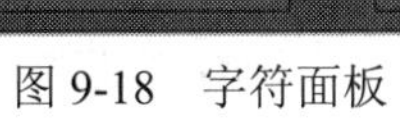

图 9-18　字符面板

图 9-19　文字效果

18. 创建顶栏。新建图层，命令为“顶栏”。使用矩形选框工具创建选区，填充色为橙色，如图9-20所示。

图 9-20　创建顶栏

19. 创建黑块。新建图层，命名为“黑块”。使用圆角矩形工具，在其工具选项栏中设置参数，然后拖动鼠标绘制一个黑色圆角矩形（即黑块），如图9-21所示。

图 9-21　绘制一个黑色圆角矩形

20. 调整不透明度。降低“黑块”图层“不透明度”为50%，如图9-22～图9-23所示。

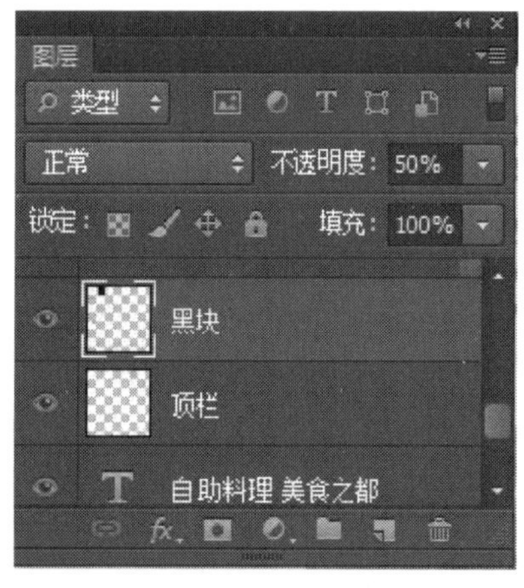

图 9-22　图层面板

图 9-23　不透明度效果

21. 添加文字。使用横排文字工具输入文字“TeL”， 设置合适的字体大小和字体颜色后，文字效果如图9-24所示。

图 9-24　添加文字效果

22. 创建黑色导航。新建图层，命名为“黑色导航”。使用圆角矩形工具，在其工具选项栏中选择“像素”选项，设置“填充”为黑色，“半径”为10像素，拖动鼠标绘制图像，如图9-25所示。

图 9-25　创建黑色导航

提示

导航栏能让我们在浏览网页时很容易的到达不同的页面，是网页元素非常重要的部分。

23. 删除多余图像。使用矩形选框工具选中下方图像，按Delete键删除，调整图层“不透明度”为50%，如图9-26所示。

图 9-26　删除多余图像

24. 创建橙色导航。新建图层，命名为“橙色导航”。使用相似的方法创建橙色导航栏，如图9-27所示。

图 9-27　创建橙色导航栏

25. 创建直线。设置前景色为浅黄色。新建图层，命名为“直线”。使用直线工具，在其工具选项栏中设置“粗细”为1像素，绘制3条直线，如图9-28所示。

图 9-28　创建直线

知识链接

Photoshop再制命令就是重复上一次自由变换的同时复制图像，这种操作被称为“再制”。

Photoshop再制命令使用总结：重复自由变换图像的快捷键是Shift+Ctrl+T，同时按下Alt键，就可以实现重复上一次自由变换的同时复制图像，这种操作被称为“再制”。

26. 添加文字。使用横排文字工具输入文字“主页”“菜单”“配料”“加盟”，在字符面板中设置字体为黑体，大小为18点，行距为50点，颜色为橙色、浅黄色，如图9-29～图9-30所示。

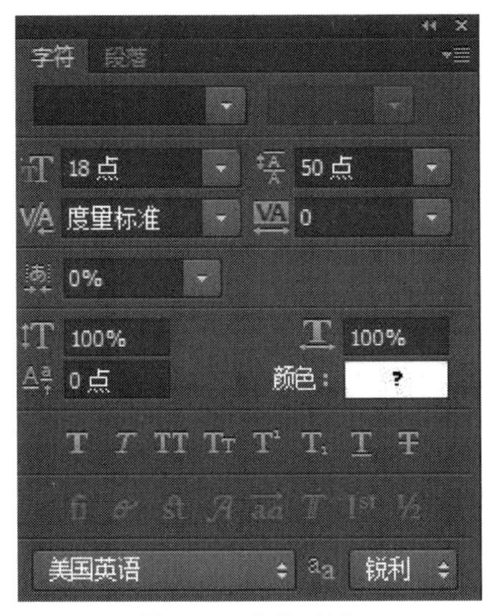

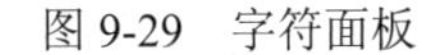
图 9-29　字符面板

图 9-30　完成效果

技术点拨

根据对字符面板中命令的讲解，我们也可以利用快捷方式，按快捷键Ctrl+Shift+<和Ctrl+Shift+>来调整字体大小。

27. 创建上文字底图。使用圆角矩形工具，在其工具选项栏中选择“像素”选项，设置“填充”为浅黄色，“半径”为10像素，拖动鼠标绘制图像，如图9-31所示。

图 9-31　创建上文字底图

28. 添加“描边”效果。双击图层，在弹出的“图层样式”对话框选择“描边”选项，在“描边”选项栏中设置“大小”为6像素，“位置”为外部，“不透明度”为40%，“颜色”为浅黄色，如图9-32所示。

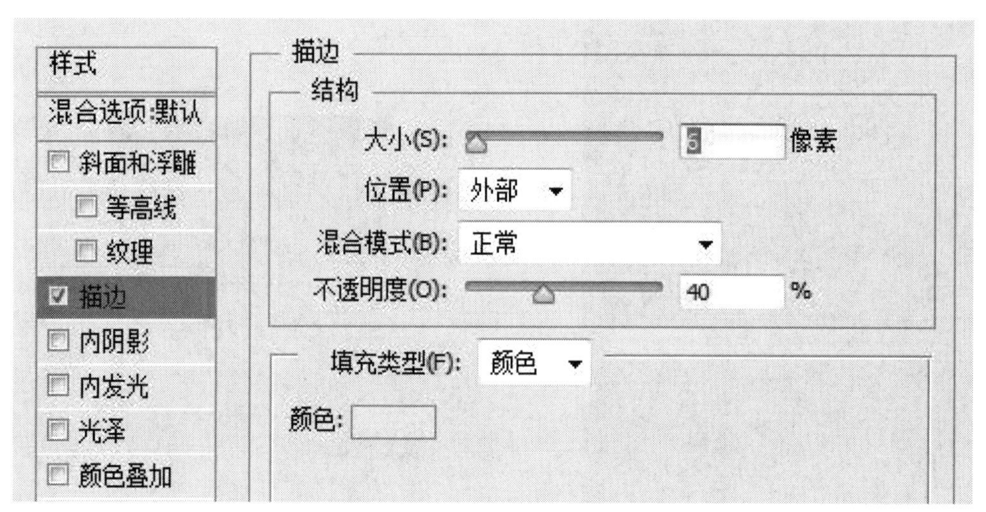

图 9-32　设置“描边”参数

29. 创建下文字底图。创建新图层，命令为“下文字底图”。使用圆角矩形工具，在其工具选项栏中选择“像素”选项，设置“填充”为浅色，“半径”为10像素，拖动鼠标绘制图像。使用相同的方法添加描边效果，如图9-33所示。

图 9-33　创建下文字底图

30. 创建小的下文字底图。新建图层，命令为“下文字底图小”。绘制稍小的圆角矩形填充任意颜色，如图9-34所示。

图 9-34　填色圆角矩形

31. 添加“斜面和浮雕”效果。双击图层，在弹出的“图层样式”对话框中选择“斜面和浮雕”选项，设置“样式”为内斜面，“方法”为平滑，“深度”为231%，“方向”为上，“大小”为131像素，“角度”为30度，“高光模式”为滤色，高光颜色为浅黄色，“不透明度”为70%，“阴影模式”为正片叠底，阴影颜色为黑色，“不透明度”为0%，如图9-35所示。

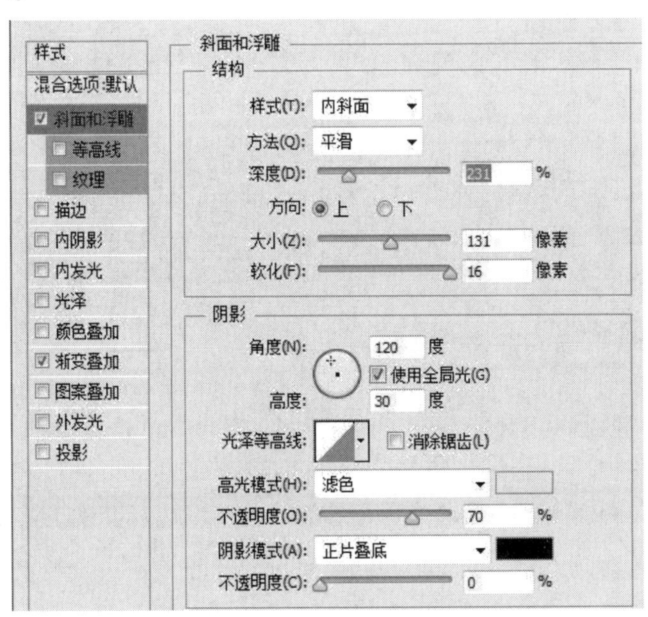

图 9-35　设置“斜面和浮雕”参数

32. 添加“渐变叠加”效果。在弹出的“图层样式”对话框中，选择“渐变叠加”选项，在“渐变叠加”选项栏中设置“样式”为线性，“角度”为90度，“缩放”为100%，设置渐变色为橙色、黄色，如图9-36所示。

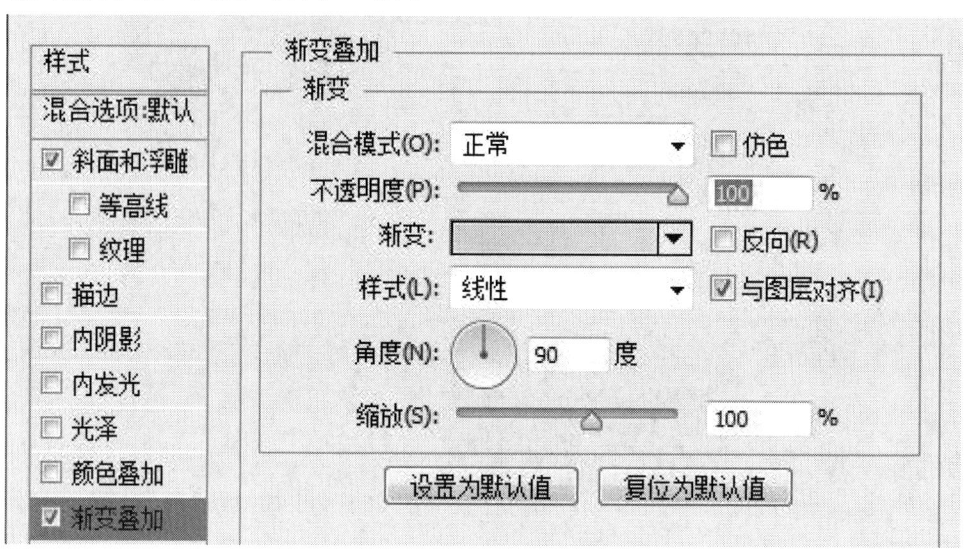

图 9-36　设置“渐变叠加”参数

33. 创建剪贴蒙版。执行“图层”→“创建剪贴蒙版”命令，创建剪贴蒙版。使用相同的方法创建其他文字底图，如图9-37所示。

图 9-37　创建剪贴蒙版

34. 创建标签。新建图层，命名为“标签”。使用多边形套索工具创建选区，填充橙色，如图9-38所示。

图 9-38　创建标签

35. 添加“投影”效果。双击图层，在弹出的“图层样式”对话框中，选择“投影”选项，在“投影”选项栏中设置“不透明度”为45%，“角度”为120度，“距离”为2像素，“扩展”为0%，“大小”为3像素，选中“使用全局光”复选框，如图9-39所示。

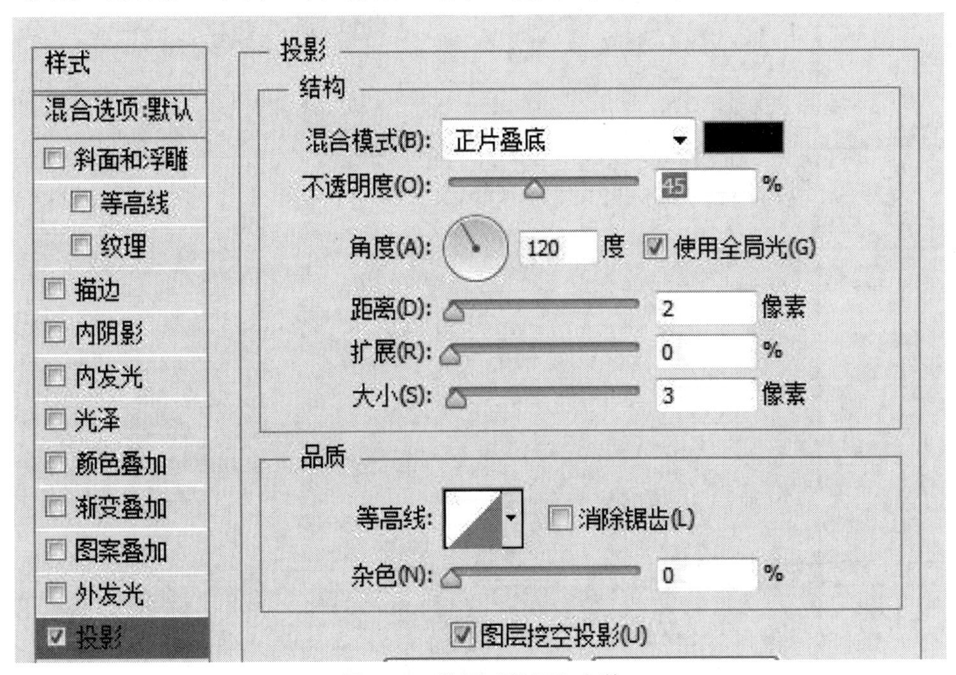

图 9-39　设置“投影”参数

36. 创建标签底。新建图层，命名为“标签底”。使用相似的方法创建图像并添加投影效果，如图9-40所示。

图 9-40　标签底

37. 创建其他标签。使用相似的方法创建其他字底和标签，更改“下文字底”图层“不透明度”为20%，如图9-41所示。

图 9-41　创建其他标签

知识链接

一般网站的标签面向的是用户，绝大多数用户能理解的标签才是好的标签，网站标签大概分为以下四种：导航标签、标题标签、情境标签和索引标签。

38. 添加图片文字素材。按快捷键Ctrl+O，在弹出的对话框中找到图片文字素材，然后将其拖曳到当前图像文件中并调整位置大小，如图9-42所示。

图 9-42　添加图片文字素材

39. 复制图层。复制枝桠图层，移动到面板最上方，更改图层混合模式为叠加，执行“编辑”→“变换”→“水平翻转”命令，如图9-43所示。

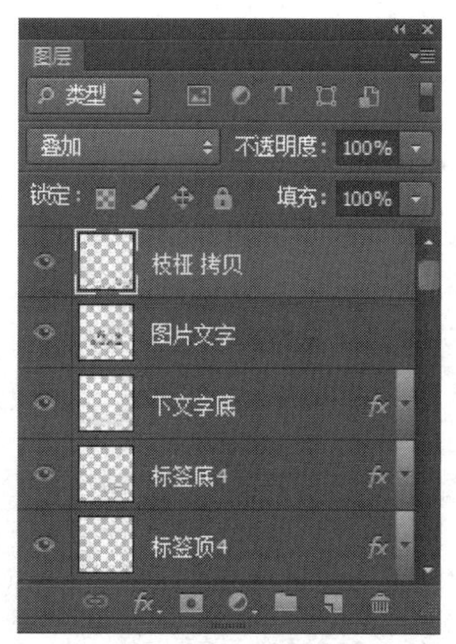

图 9-43　复制枝桠图层

40. 至此，网页设计的制作就全部完成了，最终效果如图9-44所示。

图 9-44　最终效果

项目导入

本项目应用了Photoshop CC设计制作酒类网页。通过不同的水花素材重叠混合，结合图层蒙版进行完美合成，营造神秘的视觉效果。画面以炫酷蓝冰块为主要背景，具有强烈冲击力。文字与图片进行对比，排版整齐，使网页信息传达更为流畅。

二、酒类网页设计

效果欣赏

实现过程

1. 启动Photoshop CC，按快捷键Ctrl＋N，打开如图9-45所示的“新建”对话框，新建一个宽度为1420像素，高度为1000像素，分辨率为72像素/英寸，颜色模式为RGB颜色，背景内容为白色的图像文件，最后单击“确定”按钮。

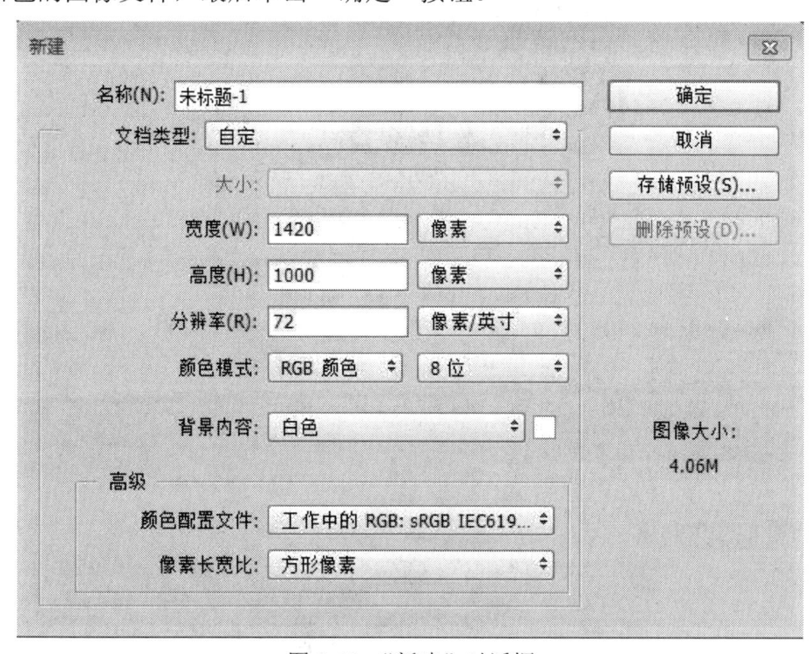

图 9-45 “新建”对话框

2. 添加冰块素材。按快捷键Ctrl+O，在弹出的对话框中找到冰块素材，然后将其拖曳到当前图像文件中并调整位置大小如图9-46所示。

图 9-46 冰块素材

3. 执行“滤镜”→“模糊” →“高斯模糊”命令，在弹出的如图9-47所示对话框中设置“半径”为9.0像素，单击“确定”按钮。

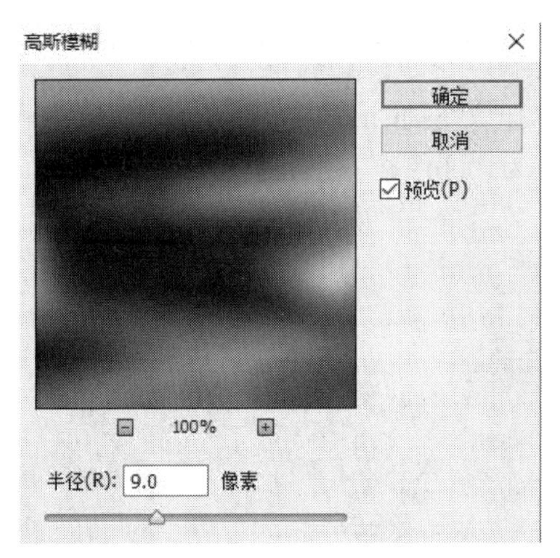

图 9-47 “高斯模糊”对话框

知识链接

图层滤镜中包括很多滤镜功能，比如有风格化、模糊、扭曲、锐化、像素化、渲染、杂色、其他等多种功能，还包括滤镜库里面多种特效纹理，能够使图像修改为你想要的任何形式。

4. 滤镜效果如图9-48所示。

图 9-48 滤镜效果

5. 使用钢笔工具勾画出一个带有弧度的矩形，按快捷键Ctrl+Enter使路径转化为选区，如图9-49所示。

图 9-49 矩形选区

6. 转化为选区后新建一个图层，在新图层中给选区填充紫色，如图9-50所示。

图 9-50 填充紫色

7. 添加LOGO素材。按快捷键Ctrl+O，在弹出的对话框中找到LOGO素材，然后将其拖曳到当前图像文件中并调整位置大小，如图9-51所示。

图 9-51 添加 LOGO 素材

8. 使用图层混合模式去除LOGO白色背景。在图层混合模式中选择深色可以去除白色如图9-52所示，完成效果如图9-53所示。

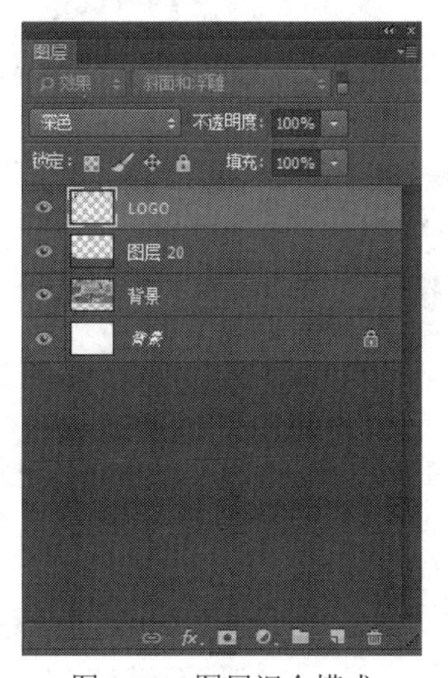

图 9-52 图层混合模式

图 9-53　完成效果

提示

巧妙地使用图层混合模式可以更快、更方便地为我们制作图像带来意想不到的效果。其中“正片叠底”可以融合去除白色，“滤色”可以去除黑色，“颜色”可以融合图层中的颜色到下面的图层等。

9. 添加伏特加素材。按快捷键Ctrl+O，在弹出的对话框中找到伏特加素材，然后将其拖曳到当前图像文件中并调整位置大小，如图9-54～图9-55所示。

图 9-54　添加伏特加素材

图 9-55　调整位置大小

10. 添加水花1素材。按快捷键Ctrl+O，在弹出的对话框中找到水花1素材，然后将其拖曳到当前图像文件中并调整位置大小，如图9-56～图9-57所示。

图 9-56　添加水花 1 素材

图 9-57　调整位置大小

11. 执行“色相/饱和度”命令调整图层。执行“图像”→“调整”→“色相/饱和度”命令或按快捷键Ctrl+U调整图层，如图9-58所示。设置参数如图9-59所示。出现如图9-60所示的图层。

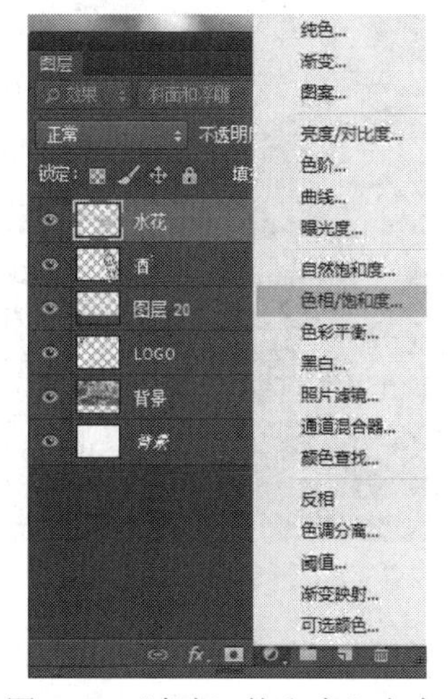

图 9-58　“色相 / 饱和度”命令

图 9-59　设置“色相 / 饱和度”参数

图 9-60　“色相 / 饱和度”图层

12. 完成效果如图9-61所示。

图 9-61　完成效果

13. 执行“曝光度”命令调整图层。执行“图像”→“调整” →“曝光度”命令调整图层，如图9-62所示。设置参数如图9-63所示。出现如图9-64所示的图层。

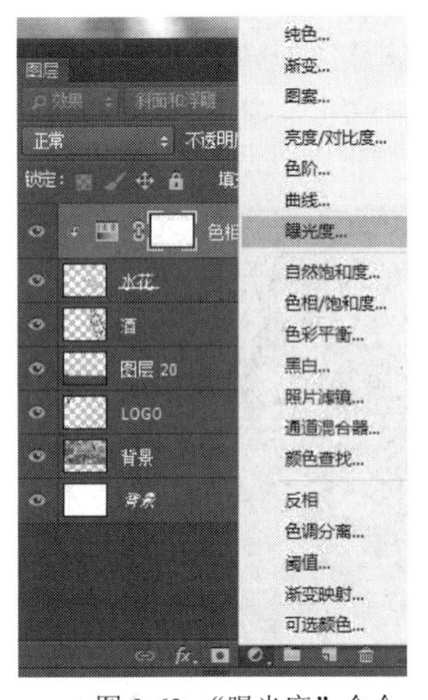

图 9-62 “曝光度”命令

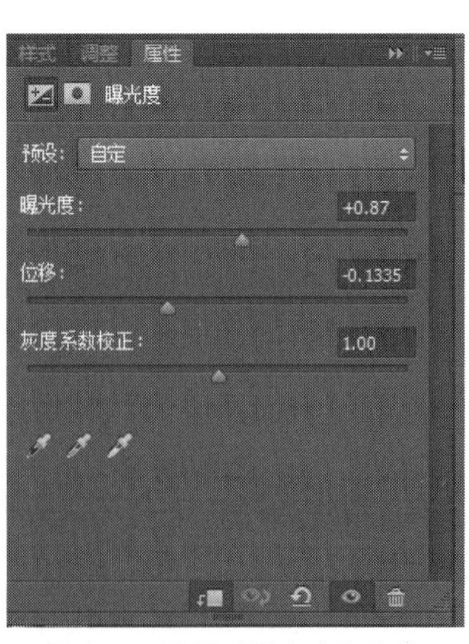

图 9-63　设置“曝光度”参数

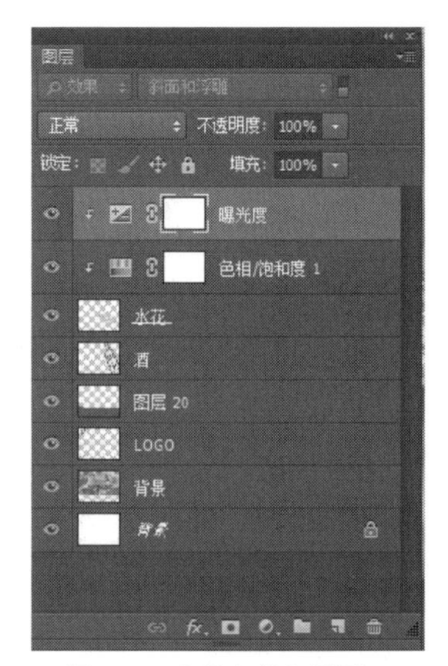

图 9-64 “曝光度”图层

14. 完成效果如图9-65所示。

图 9-65　完成效果

15. 添加水花2素材。按快捷键Ctrl+O，在弹出的对话框中找到水花2素材，然后将其拖曳到当前图像文件中并调整位置大小，如图9-66～图9-67所示。

图 9-66　添加水花 2 素材

图 9-67　调整位置大小

16. 在图层面板中调出“色相\饱和度”调整图层，设置参数如图9-68所示。完成效果如图9-69所示。

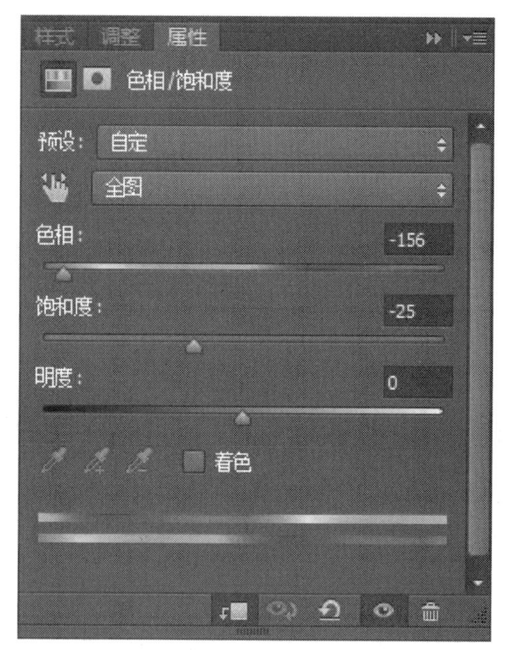

图 9-68　设置“色相\饱和度”参数

图 9-69　完成效果

17. 将伏特加、水花素材的图层移到蓝底图层下，图层面板如图9-70所示，将“图层20”移动到最上面。完成效果如图9-71所示。

图 9-70　图层面板

图 9-71　完成效果

18. 新建图层，绘制矩形选区，填充为灰色，调整不透明度如图9-72所示。

图 9-72　绘制矩形

19. 在灰色矩形框中绘制圆角矩形，颜色为淡黄色，如图9-73所示。

图 9-73　绘制圆角矩形

20. 复制圆角矩形，颜色改为深黄色，使用套索工具选中上半部分，如图9-74所示。选中后生成选区，按Delete键删除选中部分，如图9-75所示。

图 9-74　复制圆角矩形

图 9-75　颜色改为深黄色

21. 使用文字工具输入英文，设置字体大小颜色，如图9-76所示。

图 9-76　输入英文

22. 继续使用文字工具输入英文，完成效果如图9-77所示。

图 9-77　输入英文

23. 使用文字工具在灰色矩形左下角输入英文，如图9-78所示。再使用自定形状工具，选择如图9-79所示的三角形状，放置在文案的左边。

图 9-78 输入英文

图 9-79 三角形状

24. 创建黑色导航。新建图层，使用圆角矩形工具，在蓝底上绘制三个圆角矩形路径如图9-80所示。将其转换为选区后，填充浅蓝色如图9-81所示。

图 9-80 创建黑色导航

图 9-81　填充浅蓝色

25. 执行“选择”→“修改”→“收缩”命令，将圆角矩形选区进行缩进。完成效果如图9-82所示。

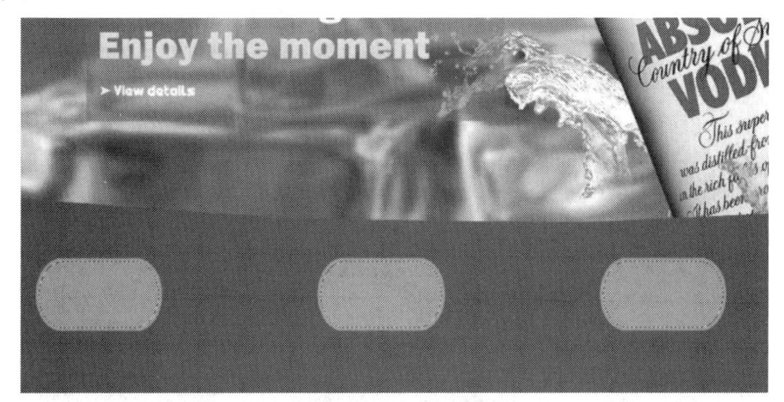

图 9-82　完成效果

26. 新建图层，在选区中任意填充一个颜色，如图9-83所示。

图 9-83　填充颜色

27. 添加酒庄1素材。按快捷键Ctrl+O，在弹出的对话框中找到酒庄1素材，然后将其拖曳到当前图像文件中并调整位置大小，如图9-84所示。

图 9-84　添加酒庄 1 素材

28. 创建剪贴蒙版将其显示与白色圆角矩形之上。按住Alt键，用鼠标左键在白色圆角矩形图层和酒庄图层中间单击，创建剪贴蒙版。如图9-85所示。

图 9-85　创建剪贴蒙版

29. 添加酒庄2、酒庄3素材。找到酒庄2、酒庄3素材将其拖曳至当前图像文件中并调整位置大小如图9-86所示。创建剪贴蒙版如图9-87所示。

图 9-86　添加酒庄 2、酒庄 3 素材

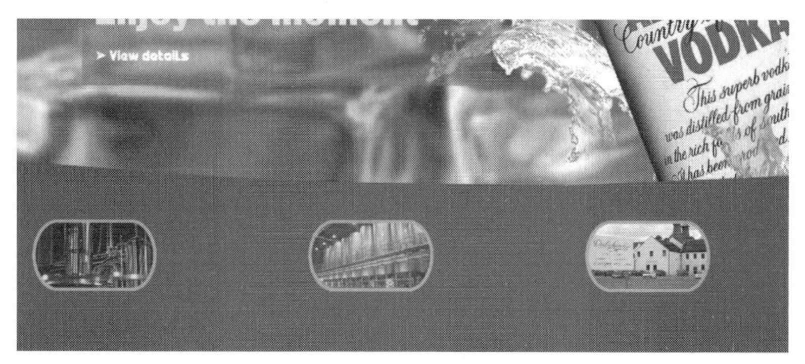

图 9-87　创建剪贴蒙版

30. 使用文字工具输入英文，完成效果如图9-88所示。

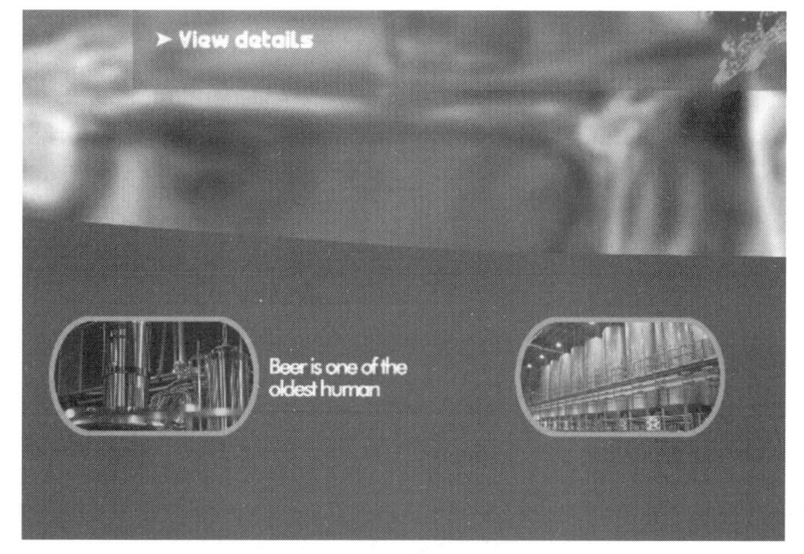

图 9-88　完成效果

31. 使用圆角矩形工具和自定形状工具在文字右下角绘制如图9-89所示的图形按钮。

图 9-89　绘制图形按钮

32. 再将图形按钮复制两个，放在合适的位置，如图9-90所示。

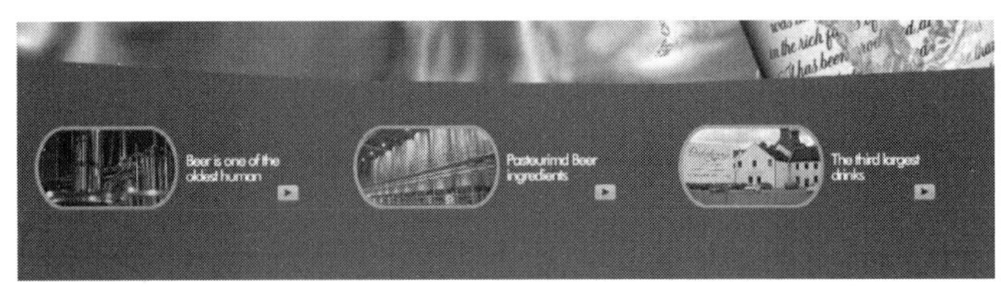

图 9-90　复制图形按钮

33. 至此，网页设计制作就全部完成了，最终效果如图9-91所示。

图 9-91　最终效果

项目小结

本项目主要讲述了如何设计制作网页。在项目实施过程中，结合实际案例，来加深读者对网页设计的认识，熟悉设计的元素，能够掌握一般色彩搭配、图形构成，以及熟练掌握网页制作工具，具备网页界面设计能力，视觉设计、色彩有敏锐的观察力及分析能力。

UI设计

项目目标

通过本项目的学习，可以进一步掌握Photoshop软件，了解UI界面设计思想；掌握一般色彩的搭配；掌握UI界面设计制作的基本技能；能够将UI界面设计的基础知识和制作技能融会贯通，灵活运用于UI界面设计创意与制作。

技能要点

◎ 进一步掌握Photoshop软件
◎ 了解基础的色彩搭配
◎ 掌握UI界面设计制作的基本技能
◎ 熟练掌握图标绘制方法
◎ 熟练掌握图像合成的技巧

项目导入

UI设计其实是一门系统的学科，涉及广泛。其中包括平面基础知识，用户体验，设计理论，前端知识，逻辑思维能力，用户心理，配图，插画，等等。在学习的时候要做到心中有数，这些复杂的综合体，就构成了UI设计。

UI设计的基础软件有Photoshop、Illustrator、Indesign、Firework、Dreamweaver等，对于初学者来说还是先熟练掌握Photoshop技术，想要熟练掌握UI设计还是先从熟练掌握软件开始。

本项目应用了Photoshop CC设计制作手机APP界面。手机APP界面通过圆形重叠混合，结合图层蒙版进行完美合成，营造唯美的视觉效果。画面以品色为主要背景，符合品牌特点。文字与图像采用上下结构，排版整齐，使界面信息传达更为流畅。

手机 APP 界面设计

效果欣赏

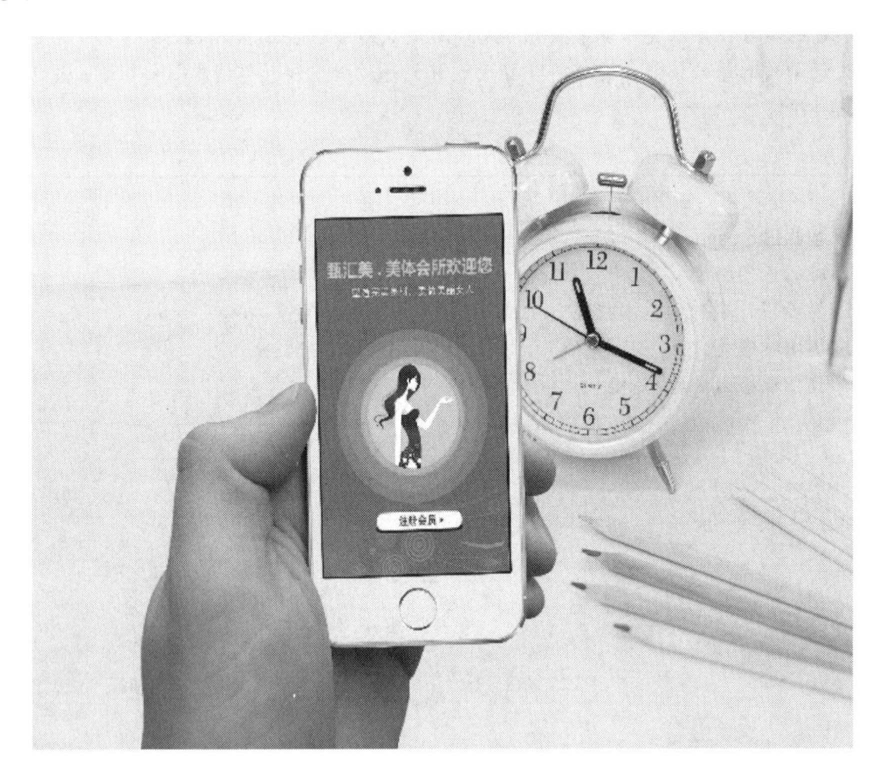

实现过程

1. 启动Photoshop CC，按快捷键Ctrl＋N，打开如图10-1所示的“新建”对话框，新建一个宽度为480像素、高度为800像素、分辨率为72像素/英寸、颜色模式为RGB颜色、背景内容为背景色的图像文件，最后单击“确定”按钮。

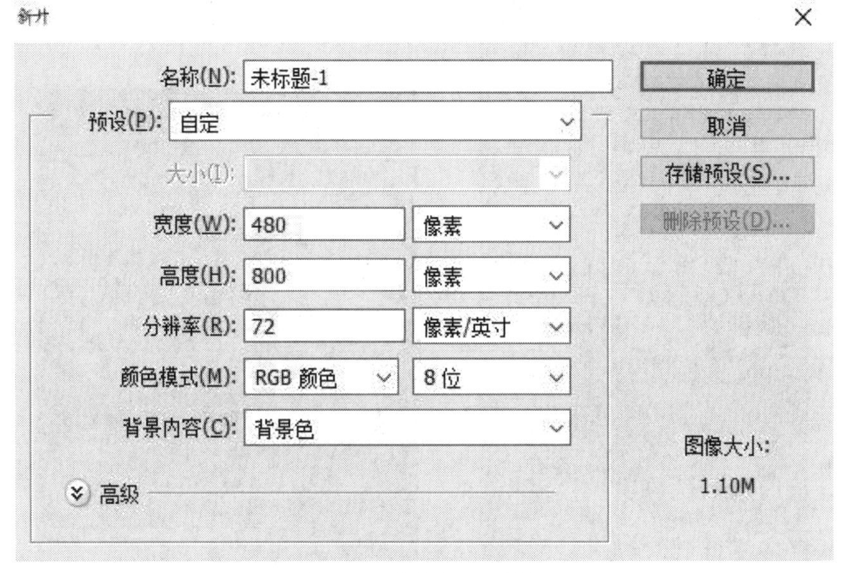

图 10-1 “新建”对话框

2. 填充背景。设置前景色为品红色，按快捷键Alt+Delete将背景填充为品红色，如图10-2～图10-3所示。

图 10-2 填充背景

图 10-3 前景色为品红色

3. 添加鱼素材和图层蒙版。按快捷键Ctrl+O，在弹出的对话框中找到鱼素材，然后将其拖曳到当前图像文件中并调整位置大小如图10-4所示，然后添加图层蒙版，如图10-5所示。

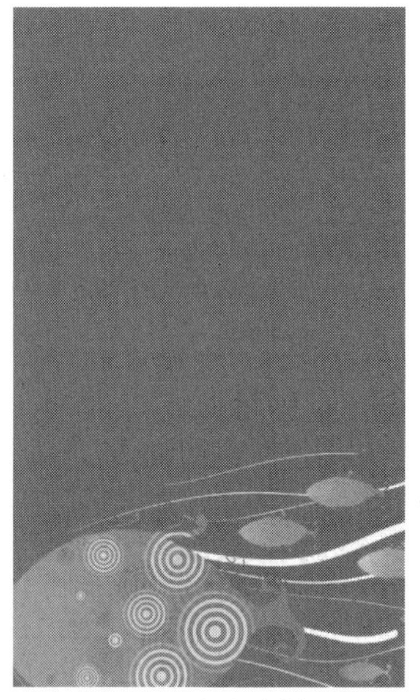

图 10-4　添加鱼素材

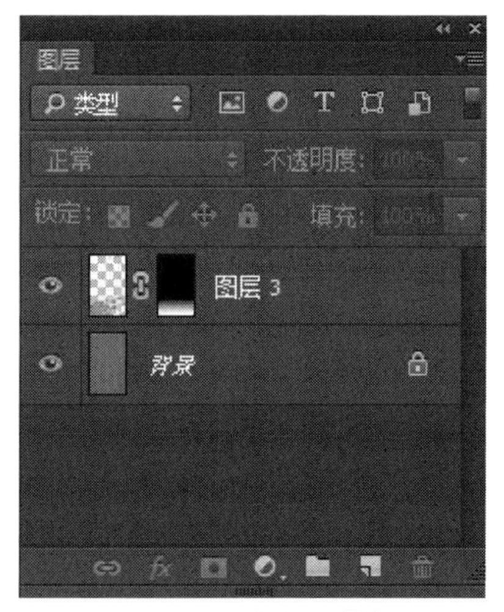

图 10-5　添加图层蒙版

4. 绘制路径。使用椭圆工具，在其工具选项栏中选择“路径”选项，拖动鼠标绘制路径，如图10-6所示。

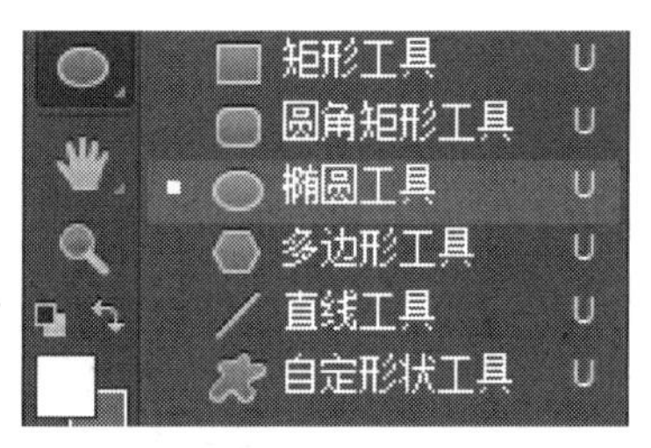

图 10-6　椭圆工具

5. 调整路径并填充颜色。调整路径形状，如图10-7所示。新建图层，命名为“洋红底”。填充洋红色如图10-8所示。

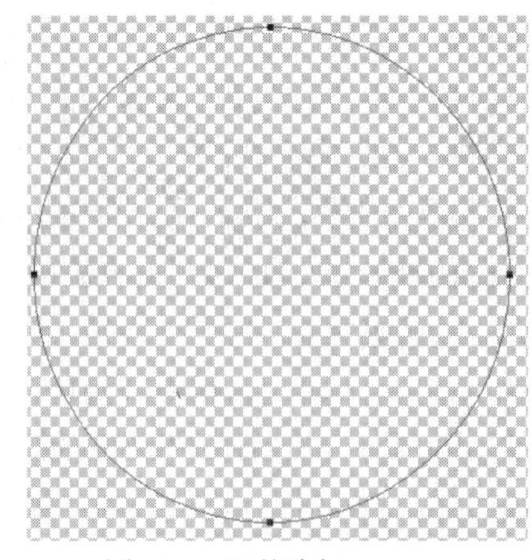

图 10-7　调整路径

图 10-8　填充洋红色

6. 创建白底。复制“洋红底”图层命名为“白底”。锁定透明度后填充白色，按快捷

键Ctrl+T进入自由变换状态，适当旋转图像，如图10-9所示。

图 10-9　创建白底

7. 调整不透明度。设置“白底”图层“不透明度”为50%，如图10-10所示。

图 10-10　设置不透明度

8. 创建橙圆底。新建图层，命名为“橙圆底”。填充橙黄色如图 10-11 所示。

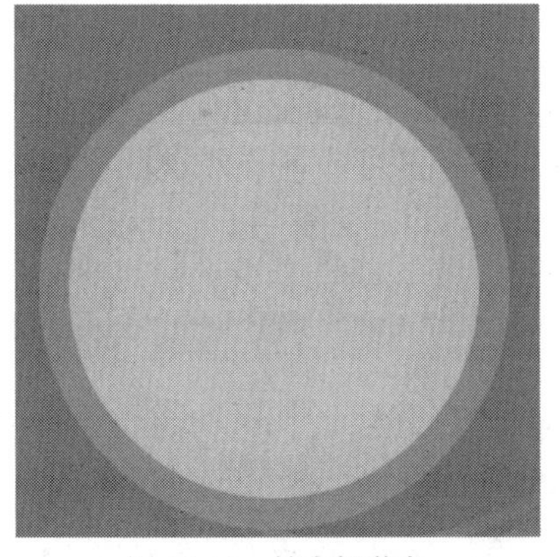

图 10-11　填充橙黄色

提示:

形状图层中包含了位图、矢量图的两种元素，因此使得Photoshop软件在进行绘画的时候，可以以某种矢量形式保存图像。矢量和位图的区别是可以随意地放大缩小，而边缘依旧光滑，不失真。要求是形状图层不能栅格化，文件保存成PSD格式。

9. 创建黄圆底。新建图层，命名为“黄圆底”。填充黄色如图10-12所示。

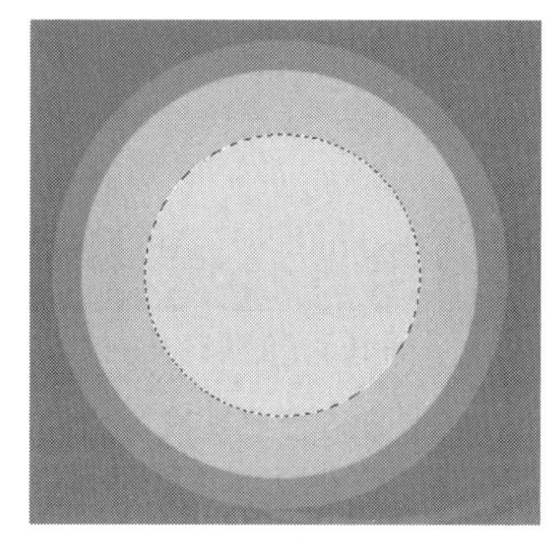

图 10-12　填充黄色

10. 添加女人素材。按快捷键Ctrl+O，在弹出的对话框中找到女人素材，然后将其拖曳到当前图像文件中并调整位置大小，如图10-13所示。

图 10-13　添加女人素材

11. 创建剪贴图层。执行“图层”→“创建剪贴图层”命令，完成效果如图10-14所示。

图 10-14　完成效果

12. 输入白色文字。设置前景色为白色，使用横排文字工具输入文字，在其工具选项栏中设置字体为汉仪粗圆简，大小为40点，如图10-15所示。

图 10-15　输入文字

13. 输入白色文字。设置前景色为白色，使用横排文字工具输入文字，在其工具选项栏中设置文字为汉仪中圆简，大小为25点，如图10-16所示。

图 10-16　输入文字

14. 绘制圆角矩形。使用圆角矩形工具，在其工具选项栏中设置半径为50像素，拖动鼠标绘制圆角矩形，载入选区填充白色，如图10-17所示。

图 10-17　绘制圆角矩形

15. 绘制矩形阴影。新建图层，命名为“矩形阴影”。使用相同的方法绘制圆角矩形阴影，适当调整路径，载入选区后填充黑色，如图10-18所示。

图 10-18　绘制矩形阴影

16. 调整图层顺序。将“矩形阴影”图层移动到“圆角矩形”图层下方，如图10-19所示。通过前面的操作，得到投影效果，如图10-20所示。

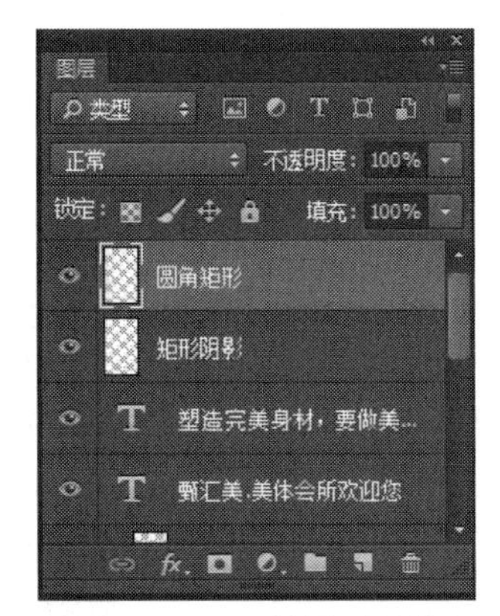

图 10-19　调整图层顺序

图 10-20　投影效果

17. 输入文字。设置前景色为红色，使用横排文字工具输入文字，在其工具选项栏中设置字体为汉仪中黑简，大小为20点，如图10-21所示。

图 10-21　输入文字

18. 添加特殊符号。使用横排文字工具，右击工具栏中的按钮，在弹出的快捷菜单中选择“特殊符号”命令，如图10-22所示。在软键盘中，单击“▲”符号，如图10-23所示。

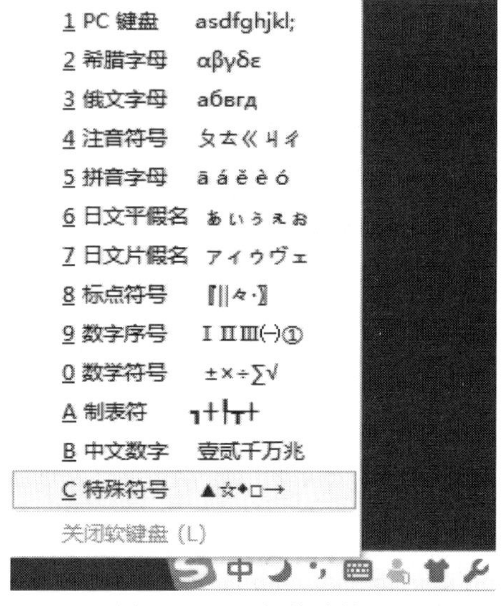

图 10-22　添加特殊符号

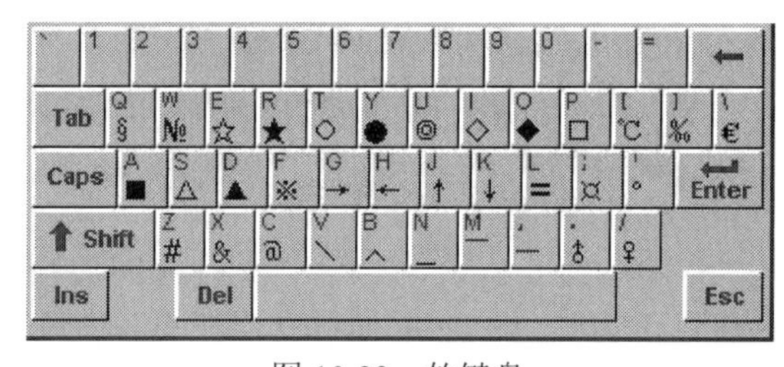

图 10-23　软键盘

19. 调整符号大小。添加符号“▲”后，在其工具选项栏中设置文字大小为12点，如图10-24所示。

图 10-24　添加符号

20. 调整符号方向。执行“图像”→“图像旋转”→“90度（顺时针）”命令，效果如图10-25所示。从整体角度微调图像。按快捷键Ctrl+A全选图像，按快捷键Shift+Ctrl+C合并拷贝图像，完成效果如图10-26所示。

图 10-25　调整符号

图 10-26　完成效果

21. 按快捷键Ctrl+O，在弹出的对话框中找到手机模板素材，然后将其拖曳到当前图像文件中，如图10-27所示。

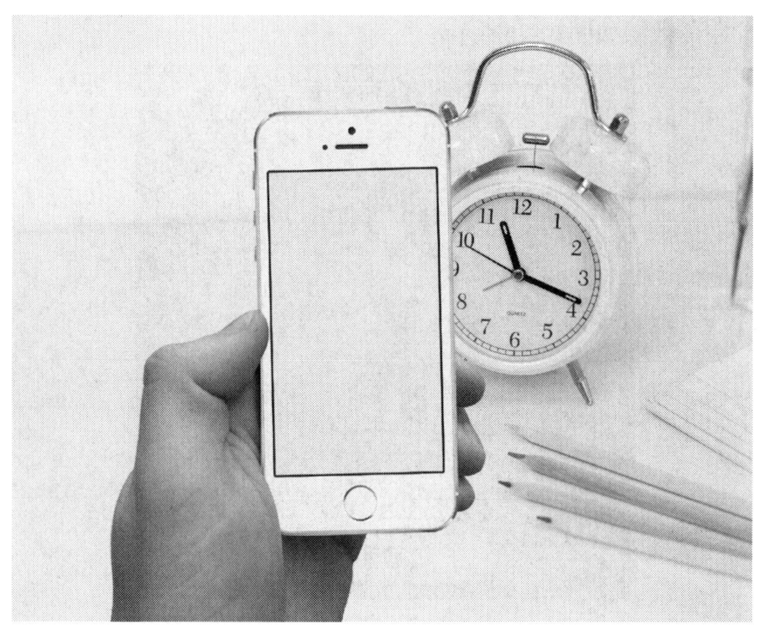

图 10-27　手机模板

22. 按快捷键Ctrl+T使用自由变换调整到手机屏幕大小，完成效果如图10-28所示。

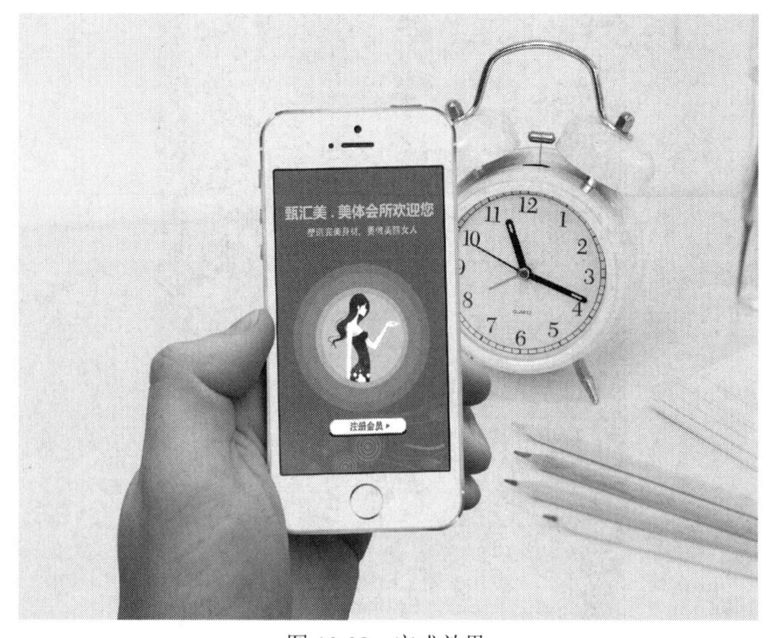

图 10-28　完成效果

23. 添加照片滤镜调整图层。在调整面板中，单击“创建新的照片滤镜调整图层”按钮，在弹出的属性面板中设置滤镜为加温滤镜，统一色调后，得到效果如图10-29所示。

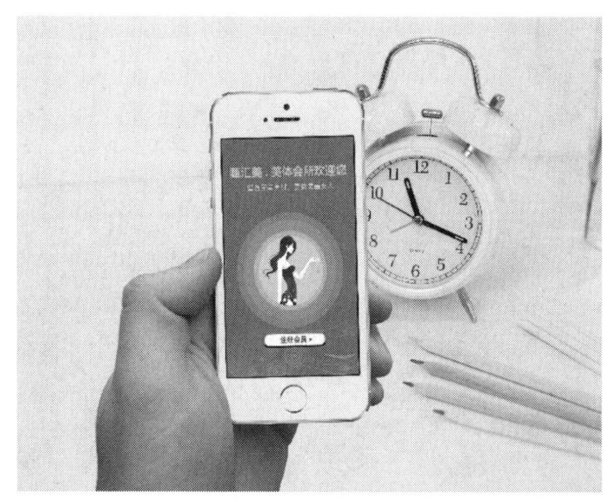

图 10-29　完成效果

知识链接

滤镜主要是用来实现图像的各种特殊效果。滤镜通常需要同通道、图层等结合使用，才能取得最佳艺术效果。如果想在适当的时候应用滤镜到适当的位置，除了拥有美术功底以外，还需要用户熟练操作滤镜的能力，甚至需要具有丰富的想象力。这样，才能有的放矢地应用滤镜，发挥出艺术才华。

24. 最终效果如图10-30所示。

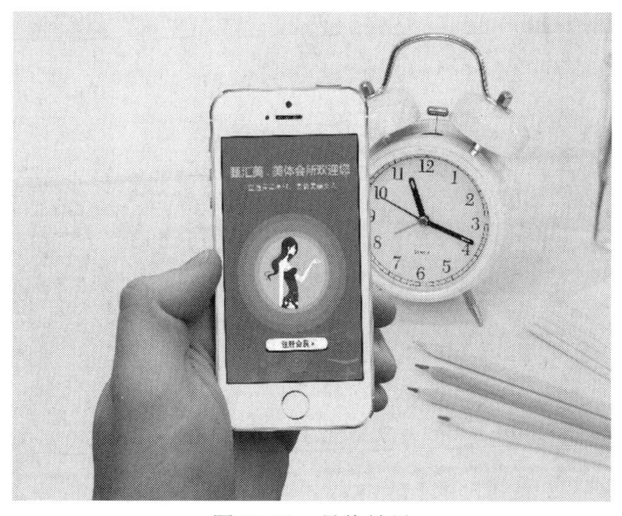

图 10-30　最终效果

项目小结

本项目主要讲述了如何设计制作手机APP界面。在项目实施过程中，结合实际案例，来加深读者对UI界面设计的认识，并充分认识到图片、文字、色彩在设计中作用，对构图、字体、色彩搭配有更深的理解与应用能力。